Monika Kirschke

Heilende GÄRTEN

Der Garten als Spiegel der Seele

Schirner Verlag

ISBN 978-3-8434-1177-6

Monika Kirschke:
Heilende Gärten
Der Garten als Spiegel der Seele

Umschlag und Satz: Anke Brunn, Schirner,
unter Verwendung von # 29401363
(© Hannamariah), # 167758883 (© Bildagentur
Zoonar GmbH) und # 218230666 (© tjasam),
www.shutterstock.com
Redaktion: Janina Vogel, Schirner
Lektorat: Dirk Grosser, www.dirk-grosser.de
Printed by: Ren Medien GmbH, Germany

www.schirner.com
1. Auflage April 2015

Dieses Buch ist eine
Herzensangelegenheit...
Vertraue deinem Herzen,
wenn es dir zuflüstert,
denn Herz weiss,
Herz lenkt...

Inhalt

VORWORT 10

Das offene Buch der Natur: Vision und Inspiration 11

GÄRTEN ALS EIN SPIEGEL DER SEELE 14

Die Natur ist das ganze Jahr für uns Menschen da 15

IN GÄRTEN UNTERWEGS 18

Vorgärten 20
Hecken 21
Bäume 25
(Un-)ordnung im Garten 29
Naturverbunden wohnen 31

DER WANDEL DER JAHRESZEITEN 32

Die Jahreszeitenkreise 33
Tagundnachtgleiche 33
Wintersonnenwende 33
Rauhnächte 35
Sommersonnenwende 36

DER JAHRESZEITENGARTEN 40

DIE KRAFT DER NATUR 44

HEILENDE GÄRTEN IM LAUF DER JAHRESZEITEN 48

WEGWEISER 50

GARTENTIPP: DAS GARTENTAGEBUCH 54

FRÜHLING 56

Die Birke 58
Der Birnbaum 59

Heilende Gärten im März 62

Im Märzen der Bauer die Rösslein einspannt … 63
Stauden · Blumen · Rabatten 63
Der Obstgarten 65
Das Rückgrat im Garten – Hecken und Sträucher 65
Erntezeit in Gottes Garten 67
Die Buche 68

Heilende Gärten im April 72

April, April, der macht, was er will! 73
Stauden · Blumen · Rabatten 74
Der Obstgarten 77
Das Rückgrat im Garten – Hecken und Gehölze 77
Erntezeit in Gottes Garten 79
Neun-Kräuter- oder Gründonnerstagssuppe 85
Die Fichte 86

Heilende Gärten im Mai 88

Stauden · Blumen · Rabatten 89
Der Obstgarten 89
Das Rückgrat im Garten – Hecken und Sträucher 91
»Von wegen Unkraut!« und andere Irrtümer 91
Erntezeit in Gottes Garten 94

Sommer 100

Der Kirschbaum 102

Heilende Gärten im Juni 104
Es ist Frühsommer! 105
Stauden · Blumen · Rabatten 106
Der Obstgarten 106
Das Rückgrat im Garten – Hecken und Sträucher 107
»Von wegen Unkraut!« und andere Irrtümer 108
Erntezeit in Gottes Garten 110
Die Esche 111

Heilende Gärten im Juli 116
Sommerzeit 117
Stauden · Blumen · Rabatten 117
Der Obstgarten 117
Das Rückgrat im Garten – Grünschnitt 118
Wichtig im Sommer: Das richtige Gießen! 121
Erntezeit in Gottes Garten 122
Der Walnussbaum 123

Heilende Gärten im August 126
Hochsommer – Ferienzeit 127
Der Obstgarten 127
Das Rückgrat im Garten – Hecken und Sträucher 128
»Von wegen Unkraut!« und andere Irrtümer 128
Gründüngung 130
Erntezeit in Gottes Garten 130

Herbst 136

Der Apfelbaum 138

Heilende Gärten im September 140
Ein Monat voller Magie 141
Stauden · Blumen · Rabatten 141
Der Obstgarten 143
Erntezeit in Gottes Garten 144
Die Quitte 147

Heilende Gärten im Oktober 150
Stauden · Blumen · Rabatten 151
Der Obstgarten 152
Das Rückgrat im Garten – Hecken und Gehölze 153
Erntezeit in Gottes Garten 156
Die Hainbuche 160

Heilende Gärten im November 164
Die Gärten der Alhambra 165
Erntezeit in Gottes Garten 168

Winter 172

Die Kiefer 174

Heilende Gärten im Dezember 176
Stauden · Blumen · Rabatten 177
Winterschutz für Gräser 177
Der Obstgarten 178
Weißanstrich zur Vorbeugung von Frostrissen 178
Einwintern der Gartengeräte 179
Erntezeit in Gottes Garten 179
Barbarazweige am 4. Dezember schneiden 181
Mistelzweige im Garten 182
Weidenruten 182
Heilige Zeit 183
Die Zeder 183

Heilende Gärten im Januar 186
Winterzeit 187
Stauden · Blumen · Rabatten 187
Der Obstgarten 188
»Von wegen Unkraut!« und andere Irrtümer 190
Das Rückgrat im Garten – Hecken und Gehölze 190
Erntezeit in Gottes Garten 191
Räucherwerk in den Rauhnächten 192
Der Haselnussstrauch 193

Heilende Gärten im Februar 196
Mitten im Winter! 197
Stauden und Ziergräser 197
Der Obstgarten 197
Unlängst im Garten – Romantische Liebe 198
Das Rückgrat im Garten – Hecken und Blütengehölze 199
Die unschätzbar fleißigen Bodenorganismen 199
Erntezeit in Gottes Garten 201

Unsere Helfer im Garten 206
Stickstoff sammelnde Pflanzen 207
Zeigerpflanzen 207
Wetterpropheten 209
Die Blumen- und Organuhr 212
Tiere 213

Erdung – mit unserer Erdmutter verbunden sein 216

Zu guter Letzt: Ein- und Ausblicke … 220

Glossar 230
Bildnachweis 235
Quellen 236
Weiterführende Literatur 237
Über die Autorin 238

Nähre deine Seele,
sie gibt dir Nahrung für deinen
Körper. Sie ist die Jakobsleiter,
auf der in Jakobs Traum
die Engel auf- und absteigen …

Vorwort

Das offene Buch der Natur: Vision und Inspiration

Heute ist ein wundervoller Tag: Wolkenformationen im Anflug, sich wie Türme in den Himmel erhebend, weiße Wolken als Portale geformt, eingebettet in ein königliches Blau – so schön, dass mir die Worte fehlen, dass ich es kaum erfassen kann.

BILDE ICH MIR DAS EIN, ODER IST DIES DIE NEUE ART,
HIER AUF ERDEN ZU SEIN?

Ich bin gern in der Natur, zeigt sie mir doch auf mannigfache Weise das Wunder der Schöpfung. Sie ist gütig, sie ist gnädig, sie gibt mir Kraft. Aus ihr kann ich schöpfen, wenn meine Seele Nahrung braucht und mein Herz nach Antworten fragt. Sie gibt mir den inneren Frieden zurück, der mir einstweilen abhanden kommt, wenn ich auf der Überholspur des Lebens fahre und vergesse, einen Gang herunterzuschalten. Im Grünen unterwegs zu sein, ist viel mehr als das, was ich in Worten auszudrücken vermag.

Der Weg zum eigenen Garten führt uns zu der uns innewohnenden Magie, zu unseren tief verborgenen, kreativen Wurzeln, zu unserem wahren Schöpferwissen. Es ist der Weg, den wir als Schöpfer gehen, erschaffen wir doch mit unseren Händen Neues, etwas, was zuvor nicht da gewesen war. **Gartenarbeit ist Seelenarbeit,** da heil(ig)ende Aspekte Hand in Hand gehen mit der Verwirklichung unserer Träume und Sehnsüchte.

Ein Dialog zwischen Mensch und Natur.

In der Natur gibt es überall natürliche Parallelen und Gleichnisse. Ich werde Ihnen zeigen, wie alles mit allem in Verbindung steht: Wenn wir genau hinschauen, was sich vor unseren Augen abspielt, können sich Türen und Tore zu den Gärten unserer Seelen öffnen. In diesem Buch sind viele dieser geheimnisvollen Schlüssel zu finden, die neue Welten, neue Perspektiven und Dimensionen eröffnen können. **Alles ist mit allem verbunden, und der Mensch kann sich in allem, was ist, wiedererkennen.** Es ist mir ein Anliegen, Ihnen aufzuzeigen, wie einfach es uns Menschen gemacht wird – sind wir herzoffen und bereit, im offenen Buch der Natur zu lesen.

Ich verspreche Ihnen, mein Bestes zu geben und Ihnen eine spannende Geschichte zu erzählen. Möge sie dazu beitragen, den Schleier des Vergessens zu heben, sodass wir wieder Zugang zu unserem ureigenen Wissen bekommen. Ich danke Ihnen dafür, dass Sie diese Zeilen lesen und mich nun auf meiner Gedankenreise begleiten wollen.

In Dankbarkeit und Wertschätzung für alles, was ist,

Monika Kirschke

Gärten als ein Spiegel der Seele

Die Natur ist das ganze Jahr für uns Menschen da

Im Frühjahr begrüßt sie uns mit kraftstrotzender Freude nach dem Ende ihrer Winterruhe. Von wegen Frühjahrsmüdigkeit: Das Frühlingserwachen ist jedes Mal ein Feuerwerk der Farben und Düfte. Wenn die Natur ihrem Winterkleid entschlüpft, sind wir überwältigt von ihrer unglaublichen Kraft und ihrem Zauber. Ja, nun ist der Winter vorbei! Die ersten Frühlingsboten, die **Schneeglöckchen** und **Winterlinge,** bringen mit ihren zarten Blüten Farbe in den Schnee, die **Tulpen, Narzissen** und **Traubenhyazinthen** strecken ihre Köpfe aus den Zwiebeln hervor, und ein wenig später breiten der **Lerchensporn** und die **Anemonen** in lichten Laubwäldern ihre zarten Blütenteppiche aus.

Wenn es wärmer wird, die Laubenpieper Hochzeit feiern und ihre ersten Nester bauen, ist das Osterfest nicht mehr fern. **Es ist noch Zeit, sich vom Alten des vergangenen Jahres zu trennen,** Sträucher auszulichten, umzupflanzen und Stauden neu zu arrangieren. Steht das Osterfest dann vor der Tür, liegt der Winterschnitt der Bäume und Gehölze auf einem riesigen Berg für das Osterfeuer. Der Rasen hat seinen ersten Schnitt verpasst bekommen, und erste Sämereien keimen im Frühbeet.

Der Übergang vom Frühling zum Frühsommer vollzieht sich fast unmerklich. Meist ab Ende April fügen sich plötzlich, wie über Nacht geschehen, goldgelbe Rapsfelder in die Landschaften ein, Alleen erwachen im zartesten Grün, blühende Obstwiesen lassen die Bienen schwärmen – allüberall, wo das Herz hinschaut, ist Fülle pur. Morgens ist es wieder früher hell, und die Vögel wecken uns mit ihren Konzerten. Wenn sich der Blütenflor der Frühjahrsblüher langsam zurückzieht, folgen die Blühsträucher und die Stauden. Kräuter und Blumen zelebrieren ihren großen Auftritt. **Kleine und große Wunder überall!**

Allmählich zeigen die **Pfingstrosen** ihre wundervollen, duftenden Farbenkleider – es dauert nicht mehr lang, und das Pfingstfest steht vor der Tür! Die Vögel haben das erste Mal ihre Kleinen großgezogen, die Hecken strotzen im prächtigen Grün, und die Rosen zeigen ihren ersten Flor in voller Pracht. Blüht der **Lavendel,** ist der Sommer vollends eingekehrt. Schmetterlinge, Hummeln und Bienen geben sich ein Stelldichein. Fülle pur, überall! Es gibt endlich wieder Erdbeereis mit Sahne, Erdbeerbowle mit Zitronenmelisse – was für ein Genuss! **Kobaltblaue Kornblumen und leuchtend roter Mohn säumen die Getreidefelder und entführen uns, wenn auch nur für Momente, in verführerische Traumwelten!** Im Radio tönt *Ein Bett im Kornfeld,* und wir trällern mit.

Es dauert nicht mehr lang, und die Erntezeit ist im vollen Gange. Dann erahnen wir, dass der Herbst Einzug hält. Doch jetzt kommt erst einmal eine der schönsten Zeiten des Jahres: **Das Wetter ist beständiger, die Sonne steht nicht mehr so hoch am Firmament und streichelt unsere Haut sanft und mit einer wohligen Wärme.** Es ist die Zeit der Gartenfeste und der lauschigen Sommernächte. Verführung pur im Paradies? Nun gibt es Himbeereis und den ersten Federweißen, dazu deftigen Flammkuchen oder leckeren Zwetschenkuchen mit Streuseln und ganz viel Sahne! Doch allmählich werden die Tage spürbar kürzer, die Nächte kühlen das Wasser in den Badeseen ab. Morgennebel steigt in den Wiesen und Äckern hoch, und die Laubbäume beginnen, ihr Herbstkleid einzufärben. Der goldene Herbst hält Einzug, und mit ihm die Herbststürme, die noch einmal kräftig über das Land fegen und alle Blätter von den Bäumen pflücken. Die Natur stellt sich auf den Winter ein.

Doch selbst im Winter erfreut die Natur unsere Herzen – mit duftendem **Rosmarin** in Königsblau, mit **Echtem Jasmin** in leuchtendem Sonnengelb und üppigem Fruchtschmuck aus **Hagebutte** und **Zierapfel.** Neigt sich der für den Winter angelegte Vorrat an Nüssen und Früchten, erwacht der Frühling rechtzeitig wieder aufs Neue – sowohl in der Natur als auch in den Herzen der Menschen. Ein wiederkehrendes Schauspiel ohne Anfang und ohne Ende.

Wie die Samen, die unter der Schneedecke träumen, träumen eure Herzen vom Frühling. Vertraut diesen Träumen, denn in ihnen verbirgt sich das Tor zur Unendlichkeit. Die Blumen des Frühlings sind die Träume des Winters.

Khalil Gibran (1883–1931), libanesisch-amerikanischer Maler, Philosoph und Dichter

In Gärten unterwegs

Der Wunsch nach einem Paradies auf Erden kann sich in Form eines schönen Gartens erfüllen. Ich schaue mir gern solche mit Liebe gehegten Gärten an, zeigen sie mir doch, was Menschen erschaffen können. Es ist immer wieder eine Wonne für mich, zu spüren, wenn ein Garten pure Lebensfreude und Fröhlichkeit vermittelt und die Kreativität seiner Besitzer in ihm spielerisch und schöpferisch zum höchsten Ausdruck kommt. Wenn gemeinsam Lebens(t)räume geschaffen wurden, die alle Sinne berühren und einen wie verzaubert für Momente den Alltag und die Zeit vergessen lassen, steigt in mir ein tiefes Gefühl der Dankbarkeit auf, gleich einem inneren Verneigen vor dem, was ich Schöpfung nenne.

Bin ich in Hausgärten unterwegs, erkenne ich neben der Schönheit und Großartigkeit auch Disharmonien, Störfelder und manifestierte Krankheitsbilder, die mir die Bäume, Sträucher und Pflanzen durch die Art und Weise, wie sie gewachsen sind, aufzeigen. Es können auch rein gestalterische Auswirkungen aufgrund von Disharmonien in der Formgebung, in der Zusammenstellung oder in den Ansprüchen der Pflanzen sein. Diese kommen vor, wenn sich die Menschen wenig Gedanken über ihren Garten machen. Es wird nicht darauf geachtet, wie die Hecke geschnitten wird oder welche Pflanzen von ihren Bodenansprüchen her zusammenpassen. Folge ich dann dem Prinzip **»Wie innen – so außen«**, fällt mir auf, dass es durchaus Parallelen zwischen den Menschen und ihren Gärten gibt. Es muss nicht so sein, aber es kann!

Habe ich den Auftrag, in einem Garten etwas zu verändern, so gilt: **Achtsamkeit ist das oberste Gebot,** denn ich arbeite mit Pflanzen und Menschen zusammen, die mir ihr Zuhause und ihren Garten anvertrauen. Meine Erfahrungen, die ich über Jahre in Gärten sammeln konnte, mögen nur Beispiele und Beobachtungen sein, doch erlauben sie mir, zu korrigieren und aufzulösen, damit die Energie wieder fließen kann. Und das nicht nur im Garten, sondern auch im Menschen selbst.

Betrachte ich meinen Körper als einen vollkommenen Ausdruck der göttlichen Schöpfung, dann ist Krankheit eine Illusion – oder anders ausgedrückt: **ein Fallen aus der göttlichen Ordnung.** Alles scheint dann möglich zu sein, ändere ich mein Denken, meinen Blickwinkel, meine Perspektive, mein Verhalten, meine Umgebung. Im Garten funktioniert dies prächtig! Besonders eindrucksvoll zeigt sich das an Gärten, die eine Verjüngungskur erfahren haben. Dort, wo sich im Laufe der Jahre viel altes, abgestorbenes Holz angesammelt hat und Gehölze kurz vor dem Absterben waren, kann der Garten nun wieder aufatmen – und ebenso seine Besitzer. Alte Obstbäume und Blütengehölze, die schon fast aufgegeben worden waren, zeigen sich in der

nächsten Vegetationsperiode neu und verjüngt. Die Besitzer erleben gleichermaßen ein Gefühl neuer Freiheit, Leichtigkeit und Lebensfreude. **Das richtige Maß zu finden, ist der Grundstein für eine beiderseitige Wertschätzung, für Verantwortung und Vertrauen.** So einfach darf es jetzt sein.

Vorgärten

Vorgärten spiegeln in besonderer Weise wider, wie der Mensch mit seinem Umfeld kommunizieren möchte. Sie sind daher mehr als nur eine Erweiterung des Eingangsbereiches, sondern sie repräsentieren, wer im Haus wohnt. **Sie sind die Visitenkarte des Hauses.** Ist ein Vorgarten geschmackvoll gestaltet, setzt sich dieses Bild meist im Hausgarten fort. Ein schön gestalteter Vorgarten versprüht Lebendigkeit und Freude und ist eine Einladung für Mensch und Tier. Hier pulsiert das Leben.

AUCH IN DER STADT FINDET IN GÄRTEN LEBEN STATT!

Energielos sind hingegen meist Wohnanlagen. Die Pflege dieser Vorgärten wurde an Dienstleister vergeben, die weniger gestalten, sondern eher verwalten. Alles muss schnell gehen: Den

Hecken wird ein praktischer Schnitt verpasst, Parkplätze vor der Haustür sind dauerverunkrautet, weil sie zum öffentlichen Grün zählen und sich niemand für sie verantwortlich fühlt. Die Menschen, die dort leben, nehmen kaum noch Kenntnis von den Pflanzen. Ich frage mich dann des Öfteren, ob hinter all diesen verschlossenen Türen noch ein gemeinsamer Austausch stattfindet. Der Gemeinschaftssinn scheint hier verloren gegangen zu sein. Und das Erstaunlichste für mich ist immer wieder, dass die Mülltonnen mit dem ganzen Unrat einer Wegwerfgesellschaft oft direkt am Eingang stehen – einfach, weil es so praktisch ist! Doch es gibt auch Wohnanlagen mit ganz viel Esprit, mit einem Hausmeister vor Ort oder einer Hausgemeinschaft, die viel Liebe in die Anlage und Pflanzen investiert. Und es gibt Hausbewohner, die zwar ganz nah am Fußweg wohnen, sich dennoch auf kleinstem Raum, oft hinter einer grünen Hecke oder einem Sichtschutz aus Holz verborgen, ihr Gartenrefugium herzerfrischend und fantasievoll eingerichtet haben: gemütliche Oasen mit Sonnenplatz und Wasserspiel, einer Futterstelle für Vögel, mit Windlichtern und Kerzenschein dekoriert für ein geselliges Miteinander.

Hecken

Hecken bilden einen ordnenden Rahmen, sie geben den Blumen, Kräutern und Gemüsebeeten eine Struktur vor. Sie dienen auch als Sichtschutz. Bis vor wenigen Jahren haben diese Rolle meist **Tannen** und **Lebensbäume** übernommen. Noch heute ist tief in den Menschen verankert, dass diese »Friedhofsgehölze« langweilig sind und nicht wirklich in den Garten gehö-

ren. Je mehr Themen wie Trauer, Leid oder Schicksal die Menschen erlöst haben und je mehr sie über die jeweiligen Projektionen wie Abgrenzung, Schutz, Distanz, Angst vor Nähe usw. wissen, desto mehr können sie aus der Fülle schöpfen und kreativ sein. Hecken werden dann nicht mehr als Begrenzungen gesetzt, sondern bilden zusammen mit **Buchsbäumen,** tiefgrünen **Eiben, Ilex, Rhododendren,** herbstfarbenen Blüten- und Obstgehölzen und ausgewählten Nadelgehölzen **ein abwechslungsreiches Rückgrat im Garten, das auf natürliche Art Bodenhaftung, Kraft und Stärke schenkt.** Besonders schön sind die immergrünen Hecken im Winter, wenn sie von einer Schneehaube geziert werden und einen schönen Kontrast zu den laubabwerfenden Gehölzen mit ihrem bunten Farbenspiel bilden.

Eine Hecke, die das Grundstück umgibt, versteht sich als Leinwand, die das individuelle Gartenzimmer abzubilden vermag. Sind die Hecken zum Haus hin geöffnet, sodass von dort aus ein Blick auf die Gartenbereiche möglich ist, wirkt ein Garten größer und interessanter. Eine Hecke als Sichtschutz ist schön und gut, doch es ist immer wichtig, dass das Auge in die Ferne schweifen kann. Zu den schönsten immergrünen Persönlichkeiten zählen sowohl die pflegeleichten **Eiben,** die

Beständigkeit zum Ausdruck bringen, als auch **Buchsbäume,** die Fröhlichkeit und Verspieltheit verkörpern. Praktisch und reizvoll zugleich sind einzelne Gestaltungselemente aus Holz oder Naturstein, die gern als Raumteiler installiert werden – sei es zur Berankung, als Sicht- oder Windschutz oder zusammen mit Blütengehölzen, Immergrünen oder Fruchtgehölzen als besonderer Blickfang künstlerisch arrangiert.

Werfen wir einen Blick auf die Gärten der Kanalinseln. Es wird gesagt, dass diese Inseln im Ärmelkanal früher ein Teil von Frankreich waren, dann jedoch ins Meer gefallen sind und von England aufgesammelt wurden. So liegt die grüne zum britischen Königshaus gehörende Insel Jersey nur 25 km von der französischen Küste entfernt. Die Gärten dort sind ein natürliches Spiegelbild des milden Klimas und der geologischen Beschaffenheiten. Überall finden sich wundervoll modellierte grüne **Buchs-** und **Eibenhecken.** Die Gestaltung liegt oft in künstlerischen Händen. Ohne den Rahmen, den diese Hecken geben, wären die Gärten nur halb so schön in die Landschaft gemalt: Offene Bögen erlauben Einblicke in die Räume dahinter. Blühende Rabatten mit den schönsten Stauden verströmen ebenso Lust auf die Natur wie die **Rhododendren, Magnolien, Kamelien** und die vielen exotischen Bäume wie der **Schneeglöckchenbaum, Seidenbaum, Taschentuchbaum** oder der **Zimtahorn.** Und die eigens angelegten Labyrinthe zeugen von Spaß und Spiel und hüten sicher so manch lustvolles Geheimnis.

Reisen wir in Gedanken noch ein Stück weiter, und zwar nach Schottland. Wer kennt nicht die romantischen Rosamunde-Pilcher-Filme, die allein durch die großartigen Landschaftsbilder pure Lebensfreude ausstrahlen? Hier wird an herrlichen Gartenplätzen, die mit Rosenhecken und Pavillons locken, zum Tee eingeladen. Wie schön kann das Leben sein ... Mich erinnern diese Bilder an Märchen aus Kindertagen, die ich unter der Bettdecke gelesen habe, während meine Schwestern längst schliefen, und die so manche meiner prächtigen Träume und bunten Seelenbilder begleitet haben.

Doch wir müssen gar nicht so weit reisen – kehren wir zurück in unsere Gefilde, wo es auch **traumhaft und liebevoll arrangierte »Bilderrahmen«** zu entdecken gibt. Im Frühjahr sind es die **Zierjohannisbeeren, Forsythien** und

Ranunkeln, gefolgt vom **Flieder** – Augenweide und Dufterlebnis zugleich. Und der Sommer wird eingerahmt von duftenden **Brautspieren-** und **Ligusterhecken** sowie zauberhaften **Strauch-** und **Heckenrosen.**

Weniger reizvoll erscheinen mir hingegen Gabionen, mit Steinen gefüllte Drahtkörbe, die in den letzten Jahren Einzug in die Wohngebiete gehalten haben. Als Lärm- und Sichtschutz an Autobahnen und als Schutzwände vor Steinschlägen an Böschungen gefielen sie mir wesentlich besser. Natürlich lassen sie sich in die Kategorie »pflegeleicht« einordnen, doch versprühen diese Drahtgitter nicht gerade eine Atmosphäre der Beweglichkeit, Fröhlichkeit und Leichtigkeit.

Es bleibt zu hoffen, dass sich der Mensch, sobald er wieder vollständig in das Hier und Jetzt zurückgekehrt ist, genau den »Rahmen« erschaffen wird, der seinem wahren Wesen am ehesten Ausdruck verleiht – und dies nicht in Form von Gabionen, den unnatürlichen Steinwänden, sondern durch natürliche, duftende, farbenfrohe Gewächse. Diese Natürlichkeit wird ihm zur rechten Zeit die Freiheit eröffnen, wieder spielerisch wie ein Kind durchs Leben zu wandeln und zu tanzen ...

Bäume

Bäume wurden in längst vergangenen Zeiten als heilige Wesen hoch verehrt, da sie dem Menschen Nahrung und Feuer schenkten. **Im Sommer erheben sie sich mit ihrer Krone weit hinauf in den Himmel, im Herbst zeigen sie uns ihr Loslassen, im Winter ist es ihr Verharren in der Winterruhe, das uns beeindruckt, und im Frühling ist es ihr großartiges Wiedererwachen.** Ihr gesamter Wachstumsrhythmus scheint von einem höheren Wesen gesteuert zu sein. Bäume sind allein durch ihre äußere Form wichtige, spirituelle Führer und sehr weise Erdenbewohner. Diese Kraft lassen sie auch den Menschen erfahren. **Bäume helfen dem Körper, sich selbst zu heil(ig)en und fördern das Wachstum der Persönlichkeit.** In ihnen schlummern geheimnisvolle, göttliche Kräfte.

Wer Bäume umarmt, kann eine Ahnung von diesen Kräften bekommen. Betrachten wir einen Baum: Der feste Stamm in der Mitte, sein Wurzelwerk verflochten im Boden, sein Blattwerk dem Himmel entgegenwachsend. Hier ist das Prinzip eines »Torusfeldes«, eines Schlauchwirbels wiederzuerkennen: Der gesunde Baum steht aufrecht und fest verankert mit seinen Wurzeln

BÄUME SIND GEDICHTE, DIE DIE ERDE IN DEN HIMMEL SCHREIBT.

Khalil Gibran (1883–1931), libanesisch-amerikanischer Maler, Philosoph und Dichter

in Mutter Erde. Die Bewegung seiner Säfte und Nährstoffe kehrt immer wieder zur Mitte zurück, die Energie wird regelrecht in die Mitte eingesogen und fließt entlang dem Stamm bis nach oben zu den Blättern, Blüten und Früchten. Von dort fällt sie an der Außenseite des Torusfeldes nach unten, um in die tragende Basis der Erde einzutauchen – ohne Anfang und ohne Ende, sich immerwährend erneuernd! **Aus diesem Grund fühlen sich Menschen wie magisch von einem Baum angezogen.** In den wenigen Minuten einer Umarmung können sie sich mit den Naturrhythmen synchronisieren.[1]

Bäume sind nicht nur unsere persönlichen Führer, sondern auch wichtige Helfer zur Regulation des Klimas. So sind die größten Klimaregulatoren unsere Wälder, die heute allerdings zu 50% und mehr abgeholzt sind. Ohne Bäume kann das Grundwasser jedoch nicht gehalten werden. Die Wasserkreisläufe der Erde werden unterbrochen und zerstört. Schon heute ist der Amazonas im Sommer nicht mehr mit Schiffen befahrbar. Im fruchtbaren Niltal lag das Wasser früher 3 m unter der Erdoberfläche, heute muss es aus 30 m Tiefe mit Pumpen gefördert werden ...

Doch kehren wir in unsere heimischen Gefilde zurück. Komme ich in einen Garten und schaue mir einen Baum an, erzählt er mir seine Geschichte. Und sein Besitzer bestätigt sie mir meist später im Gespräch. Ist ein Obstspalier z. B. kopflastig geworden, ist der Grund dafür sicher nicht die Zeit, die dem Besitzer fehlt, um ihm Aufmerksamkeit zu schenken. Wahrscheinlicher ist, dass der Gartenbesitzer selbst viel im Kopf hat, also ebenfalls sehr kopflastig ist. Ist ein Baum hingegen überbaut, führt dies zu Ungleichgewichten in der Statik und Versorgung generell. Bei dem Gartenbesitzer zeigen sich hingegen Rückenprobleme – Hinweise auf Altlasten, die der Verstand nicht loslassen kann,

1 Sigmund Schuster konnte zum Ende seines Lichtkörperprozesses mit den Bäumen sprechen. Daraus entstand sein Buch: *Lichtenergie Baum – Heilkraft von Holz.*

auf körperliche Beschwerden, innere Glaubensmuster oder Glaubenssätze.[2] Ist die Mitte eines Baumes krank, treffe ich auf Menschen, die schon länger über Probleme in ihrer Mitte klagen. Dies kann der Magen sein, weil Sorgen schwer in ihm liegen, oder der Darm, der nicht loslassen kann, der an alten (Gedanken-)Mustern, Such(t)- und Machtthemen festhält. Ist die Statik aus der Norm geraten, trägt der Bäume kaum Früchte, und schießt er dafür ins Laub, beziehen sich die Fragen, die in solch einem Fall im Raum stehen, auf den Lebensauftrag, der dem jeweiligen Menschen innewohnt: **Welche Früchte bringt sein Leben hervor? Wie kann das Teilen seiner Gaben und Talente sowohl sein eigenes als auch das Leben seiner Mitmenschen bereichern?** So mag es nicht verwundern, dass meist lange bestehende innere Konflikte auf dem Rücken lasten und sich durch Verspannungen im Nacken- und Schulterbereich und ähnlichen Rückenbeschwerden äußern. Rational kann die Last des Alltags nur schwer getragen werden. Beschwerden im Lendenwirbelbereich gehen oft einher mit mangelndem Vertrauen in das Leben selbst, Angst vor materiellen Verlusten, gesteigertem Sicherheitsdenken und fehlendem Selbstwert. Das Weibliche in uns, die Geschmeidigkeit einer Katze, das aus der eigenen Fülle Schöpfende, kommen hier sicher zu kurz. Ist der Sinn für

2 Die Wirbelsäule ist ein Erinnerungsspeicher. Sie ist unsere Verbindung zwischen der materiellen und der immateriellen Welt. All unsere gelebten Erfahrungen bilden sich im Körper als Eindrücke ab. Jeder Wirbel ist einem Organ zugeordnet. Louise Hay, Horst Krohne, Carl Huter u. a. haben sich damit beschäftigt, wie die Seele mit uns über unseren Körper und unser Antlitz kommuniziert. Jedes Organ hat ein Bewusstsein und bringt sich auf vielfältige Weise zum Ausdruck. Das Bauchhirn ist nicht umsonst das Zuhause unserer Gefühle, und das Immunsystem unsere innere Apotheke.

das Schöne, ist Harmonie und Geborgenheit durch materielle Werte ersetzt worden, vertreibt es oft die Sanftmut, die Großzügigkeit der Offenherzigkeit und die Liebesfähigkeit in uns. Warum vergraben sich Menschen gern in die Arbeit, zählt ein Zuviel doch auch zu den Such(t)themen!

In Obstgehölzen spiegelt sich auf ganz besondere Art und Weise die Gefühlslage der Menschen wider. So steht der **Apfelbaum** im Baumorakel von Gillian Kemp[3] für die **romantische Liebe** und für des Menschen edles Wesen, die **Birne** für Weiblichkeit, Partnerschaft, ein langes Leben und gute Beziehungen und der **Pflaumenbaum** für Zufriedenheit und Belohnungen jeglicher Art. Es wird schnell klar, dass Bäume uns Menschen in wirklich paradiesische Zustände entführen möchten. Zustände, in denen sich die Natur allüberall befindet.

Ein weiteres schönes Beispiel ist der **Pfirsichbaum** als Symbol ewiger Jugend und des Wohlstandes. Er kann auf ein glückliches Gefühlsleben und finanzielle Reichtümer hinweisen. Als Pflanzenfreund ist er ein wertvoller Ideengeber und auch ein persönlicher Spiegel. Mit dem Einbringen der Ernte im Herbst zeigt er uns symbolisch, ob die Pläne, die wir im Frühjahr geschmiedet haben, von uns umgesetzt wurden und nun köstliche Früchte tragen (mehr dazu in »Heilende Gärten im März«, siehe S. 62). Die Slow-Food-Bewegung, die sich für ein bewusstes Genießen und mündige Konsumenten starkmacht, hat ihn vor vielen Jahren in die Weinberge pflanzen lassen, damit im Frühjahr seine schönen Blüten viele Touristen in die Weingegenden locken.

3 Gillian Kemp: Das Baum-Orakel: Mit 52 inspirierenden Karten und einem magischen Buch, München 2004.

Obst im eigenen Garten zu ernten, ist, wie ein Geschenk aus Gottes Garten zu empfangen. Wer gern Obst isst, kann Obstspaliere wunderbar in die Gartengestaltung integrieren. Baumschulen bieten dafür ausgewählte Sorten auf schwach wachsenden Unterlagen an, die sich leicht und auch ohne Leiter ernten lassen. Sei es auf der Terrasse oder dem Dachgarten, in einer Wohnanlage mit offenen Gärten oder als Einfassung eines Sitzplatzes im Grünen – überall werden die so zum Einsatz kommenden Raumteiler in Blüte oder mit Fruchtbehang zu besonderen Attraktionen. Der Schnitt dieser Obstgehölze ist eine »Wissenschaft« für sich, da jede Sorte eigen in ihrem Wuchscharakter und ihren Bedürfnissen ist. Ihre Pflege ist anspruchsvoll, doch sie lohnt sich!

(Un-)Ordnung im Garten

In Gärten, in denen wenig bewegt wurde und sich viel Altes angesammelt hat, erlebe ich häufig füllige Menschen, die sich in ihrem Körper unwohl fühlen, dies jedoch verdrängen, und denen der innere Antrieb verloren gegangen ist. Sie hören das Flüstern ihrer inneren Stimme nicht mehr und haben das natürliche Gespür für ihren Körper verloren. Die Grenzen sind verwischt ... Ihre Körperfülle zeigt, dass sie sich offensichtlich fehlernähren. In ihrem Leben gibt es einfach zu viel, was sie noch tragen müssen. Schlackenstoffe lagern sich im Bindegewebe (Kommunikation) ab, das Unverdaute wird zwischengelagert. Es lässt den Körper altern. Wassereinlagerungen, die auf eine Übersäuerung hinweisen können,

versuchen, den weiteren Raubbau am Körper zu neutralisieren. Es ist ein Schutz und ein Hilferuf zugleich. Aus Sicht der Traditionellen Chinesischen Medizin (TCM) können die Ausscheidungsorgane durch den Genuss von zu viel Süßem oft nicht mehr optimal arbeiten. Aus Sicht der Seele ist der Mensch innerlich am verhungern!

In sehr aufgeräumten Gärten mit geraden Wegen und ordentlichen Ecken und Kanten treffe ich meist Menschen an, die von morgens bis abends ihre Zeit im Garten verbringen. Hier wird die ganze Liebe in die Erdscholle gesteckt: **In die Küche und in den Topf kommt, was im Garten wächst!** Die Gemüsebeete sind voll mit Radieschen, Kohlrabi, Feuerbohnen, Rhabarber und Co. und werden liebevoll gejätet, gewässert, gehegt und gepflegt. Prächtige Tomatenpflanzen, Paprika und Chili gedeihen unter dem Foliendach oder im kleinen Gewächshaus. Im Frühling blühen prächtige Tulpen und im Herbst die schönsten Dahlien. Es wird großer Wert auf einen picobello getrimmten Rasen gelegt. Kein Blümchen – schon gar nicht ein Löwenzahn oder gar ein lustiges Gänseblümchen – darf hier wachsen, blühen und gedeihen. Es gibt kaum Raum für die eigene Kreativität. Wichtig ist dabei manchmal auch, was wohl der Nachbar denkt, sei es der zur Rechten oder zur Linken. Da kann die Gartenarbeit schon einmal zu einer »sportlichen Disziplin« werden, zum Wettrennen mit dem Nachbarn um den schönsten Garten! Wer möchte nicht für seine Fleißarbeit belohnt werden? Das kleine Kind in uns, der kleine Junge ebenso wie das kleine Mädchen, möchte spielen, tanzen, vor Freude und Glück lachen, selbstvergessen sein, frei sein von allen Begrenzungen. Kommt so ein Garten in die Jahre und mit ihm seine Besitzer, können bei ihnen Symptome zum Ausdruck kommen, die den Erkrankungen der Leber, der Galle und des Herzens zuzuordnen sind. Sie sind keine Seltenheit, sondern typische Zivilisationskrankheiten, die auf eine zu starre Lebensweise hindeuten, der die Freude am Sein abhandengekommen ist. Wir sollten uns daher alle hin und wieder einmal folgende Fragen stellen:

- Gibt es Bereiche in unserem Leben, in denen die Liebe nicht mehr im Fluss ist?

- Ist wirklich die Hecke des Nachbarn zu hoch oder ist es eher meine eigene innere Begrenzung, die mich an der Freude hindert?
- Wächst die Rose als Botschafterin durch den Zaun, als Königin der Liebe über alle Grenzen hinweg?
- Findet ein fröhlicher Austausch über den Zaun statt oder kenne ich die Menschen hinter dem Zaun gar nicht (mehr)?
- Reicht meine eigene Kraft noch für Veränderungen?
- Wie oft schlägt mein Herz einfach Purzelbäume aus purer Lebensfreude?

Naturverbunden wohnen

Im Entstehen einer neuen Zeitqualität wachsen aktive Lebensgemeinschaften zusammen, die viel Wert auf grüne Räume legen. Es werden Hausgärten angelegt, in denen Gemüse und Obst geerntet und Gartenfeste zelebriert werden. Hier sind große und kleine Künstler am Werk, die Hochbeete für Erdbeeren, Kohlrabi, Pflücksalat und Co. bauen, ihre eigenen Kartoffeln ernten und Cherrytomaten und Chili unter regengeschützten Foliendächern hochziehen. Auch sonst vermögen sie ihre Lebens(t)räume kunstvoll und kreativ zu gestalten, weil die reine Freude sie beflügelt. Menschen kommen zusammen, um gemeinschaftlich Brücken und Wege des Miteinanders zu bauen, die von Respekt, Wertschätzung und Naturverbundenheit geprägt sind: **Eine Gemeinschaft, die sich unsichtbar wie auf Händen trägt!** Eine Gemeinschaft, in der Lebendigkeit im Alltag stattfindet! Die Nachbarschaft wird gepflegt, die Bühne des Lebens aktiv bespielt. Hier blüht das Leben wieder auf! Jeder weiß um seinen rechten Platz. Jeder weiß, wo er hingehört. Gemeinsamkeiten werden entdeckt, Vorstellungen von einem neuen Zuhause entwickelt oder alte Vorstellungen in Augenschein genommen, weitergesponnen oder verworfen. Jeder möchte ganz und gar den individuellen Ansprüchen von Jung und Alt gerecht werden. Wobei das Wort »Alt« nicht dem entspricht, was es ausdrücken möchte. Bessere Worte wären sicher **die drei »Ws«: Würde, Weisheit und (gelebte) Werte.** Und dazu gesunde Lebenserfahrung, Wissen und Gelassenheit.

Der Wandel der Jahreszeiten

Die Jahreszeitenkreise

Erkennt der Mensch an, dass sich alles in Kreisläufen und Spiralen bewegt, eröffnet sich ein faszinierender Horizont:

- Mit dem Sehen zum Lichtfest in der Nacht vom 1. auf den 2. Februar erfolgt die Eröffnung des Jahres,
- es folgt das Werden im Frühling
- und das Wachsen um Walpurgis mit der Walpurgisnacht am 30. April,
- gefeiert wird im Sommer mit dem Blühen,
- gefolgt von der Ernte des Schnitterin-Festes am 1. August,
- anschließend kommt das Weitergeben im Herbst
- und das Vergehen zu Samhain am 31. Oktober,
- das Jahr schließt mit dem Funkeln im Winter und den freisetzenden, öffnenden Kräften der Rauhnächte ab. Am 6. Januar enden die Rauhnächte und damit endet auch das alte Jahr.

Tagundnachtgleiche

Zweimal im Jahr durchläuft die Erde auf ihrer Bahn eine Position, in der sich der Himmelsäquator und die scheinbare Bahn der Sonne (Ekliptik) schneiden: im Frühjahr um den 21. März und im Herbst um den 23. September. **An diesen Tagen sind die Tage genau so lang wie die Nächte – eben »die Tag und Nacht Gleichen«.** Läuft die Erde von diesen beiden Positionen jeweils um 90° auf ihrem Weg weiter, erreicht sie die Punkte der Winter- und der Sommersonnenwende.

Wintersonnenwende

Zur Wintersonnenwende steht die Sonne im Sternbild Schütze. Nach jeweils 25 780 Jahren hat die Sonne zum Zeitpunkt der Wintersonnenwende einmal den Tierkreis durchlaufen. Der Zeitpunkt der Wintersonnenwende verschiebt sich von Jahr zu Jahr um ungefähr sechs Stunden nach vorn, weil ein vollständiger Umlauf der Erde um die Sonne knapp sechs Stunden länger dauert als die 365 kalendarischen Tage. Mit dem Schaltjahr werden diese Stunden wieder ausgeglichen. Deswegen kann die Wintersonnenwende auf den 21. oder 22. Dezember fallen. Die Wintersonnwende ist die heiligste Sonnenfeier im Jahr. Sie versinnbildlicht die Geburt der Sonne, die Geburt des Lichtes in einer Zeit tiefer Dunkelheit. Als längste Nacht des Jahres wird sie auch Mutternacht genannt. Es ist die Sonne, die allen Lebewesen auf Erden das Licht zum Leben schenkt. Es

ist diese freie Energie, die nichts kostet. Es sind diese Lichterfunken, die jede Zelle, jedes Atom, jede Pflanze, jeden Baum mit Lebenskraft versorgen, die sie in Form von Sauerstoff und Nahrung für Mensch und Tier weitergeben. Es ist das Licht, das die Vögel in ihrem allmorgendlichen Konzert anpreisen und das Sonnenblumen und Sonnenhungrige anbeten. Es ist das Licht, das uns an unsere wahre Herkunft als geistige Lichtwesen erinnern möchte, das uns ein erleuchtetes Bewusstsein schenken und uns aus den Zeiten herausführen möchte, die die Teile unserer Seele verdunkelt haben. Wir sind in erster Linie als Lichtwesen auf die Erde inkarniert. **Gerade wirbeln wir in eine Zeitqualität hinein, in der es sehr viel leichter ist, alte Ein- und Abdrücke loszulassen und sich wieder uneingeschränkt dem Licht und dem Geschenk des Lebens zuzuwenden.**

Ein berühmtes Beispiel dafür, dass Menschen bereits in früheren Zeiten diesen besonderen Tag kannten, ist die Kultstätte Stonehenge in Südengland. Sie wurde um 2620 v. Chr. zum ersten Mal zur Bestimmung der Sonnenwenden genutzt. Der Eingang der Stätte zeigt genau in die Richtung, in der die Sonne zur Sommersonnenwende auf- und zur Wintersonnenwende untergeht. Übrigens ist die Geburt Jesu in diese Zeit der Wintersonnenwende datiert worden, weil er als das »Licht der Welt« angesehen wurde. Doch die Sonnenwendfeiern gibt es schon viel länger als das Christentum, und inzwischen finden an diesen Tagen wieder zunehmend spirituelle Feiern auf der ganzen Welt statt – sei es im Tal der Pyramiden in Bosnien oder eben in Stonehenge. Die Menschen beginnen sich zu erinnern.

ASTROLOGISCH GESEHEN ENTSPRICHT DIE WINTERSONNENWENDE DEM ÜBERGANG DER SONNE IN DAS TIERKREISZEICHEN STEINBOCK. KALENDARISCH IST ES DER WINTERBEGINN.

Interessant ist, dass das Symbol des Steinbocks sowohl als stilisierter Ziegenfisch dargestellt wird – die Urform des Steinbocks – und ebenso als die

Kraft, die unter der geschlossenen, noch gefrorenen Oberfläche liegt, doch bereits nach oben drängt. Was wir daraus lernen können, ist, die Konzentration auf uns selbst zu lenken und uns dabei der großen Zusammenhänge gewahr zu werden. Es ist keineswegs egal, was wir als Individuum denken und fühlen und wie wir handeln – jeder denkt, fühlt und handelt stets einzigartig. **Doch in der Gemeinschaft sind alle Menschen und ihre Schicksale unauflöslich miteinander verwoben.** Mein Leben und dein Leben sind immer Teile des Ganzen – untrennbar.

TRENNUNG IST EINE ILLUSION!
DAS UNIVERSUM KENNT KEINE TRENNUNG!

Rauhnächte

Die Zeit zwischen Weihnachten, der Wintersonnenwende, Silvester und dem Dreikönigstag steckt voller Wunder und Geheimnisse, voller Riten und Bräuche mit teils uralten, archaischen Wurzeln. Es ist die Zeit der heiligen Rauhnächte.[4] **Eine Schwellenzeit, in der die Polaritäten ineinanderfließen.** So weisen die Wortwurzeln auf Reinigen, Räuchern und Segnen hin, und das »Raunen« ist der Hinweis auf ein Geheimnis und nicht, wie landläufig vermutet, auf die raue Winterszeit. Dieser Tag galt unseren Vorfahren als höchster Feiertag im Jahr. So, wie die Göttin Isis in Ägypten zur »Herrin des Jahresanfangs« wurde, so stand bei uns die große Göttin Holle an der Wiege des neuen Jahres. Frau Holle ist nicht nur eine Figur aus dem Grimmschen Märchen, sondern verkörpert einen uralten europäischen Mythos von Fruchtbarkeit und Seelenfrieden.[5]

---

4 Sehr schön beschrieben sind die Rauhnächte in den Büchern von Valentin Kirschgruber, Reinhard Striehle, Jeanne Ruland u. v. a.

5 Als Vorläuferinnen der Frau Holle sind die germanische Göttin Frija, die Hüterin der Fruchtbarkeit und der Liebe, und die keltische Göttin Brixta, die Leuchtende, die gleichermaßen für Fruchtbarkeit, Heilung und für den Sternenhimmel steht, zu nennen.

Ein bewusster Umgang mit den Rauhnächten eröffnet uns einen tiefen Zugang zur Zeitenwende zwischen den Jahren. **Das Alte geht, und das Neue kündigt sich an.** Den Träumen in den Rauhnächten wird prophetischer Charakter nachgesagt. So symbolisieren die zwölf heiligen Nächte vom 21. (Thomastag) bzw. 24. Dezember bis zum 6. Januar die zwölf Monate des kommenden Jahres. Natürlich dürfen Kräuter wie Beifuß, Arnika, Ringelblume, Salbei, Liebstöckel, Dill, Baldrian, Rainfarn und die Kornblume in dieser Zeit als Räucherzutaten nicht fehlen. Sie zählen zu den neun Wotanskräutern.[6]

Sommersonnenwende

Die Sommersonnwende findet zeitgleich mit dem Sommeranfang am 20., 21. oder 22. Juni statt. Der Johannistag, der in enger Verbindung mit der Sommersonnenwende steht, ist am 24. Juni. Die Natur zeigt sich in dieser Zeit in absoluter Fülle. **Viele Pflanzen blühen in den schönsten Sommerfarben, und wenn Mutter Erde uns wohl gesinnt ist, steht uns eine reiche Ernte bevor.** Es ist die Zeit des Überflusses, in der wir uns keine Sorgen um unsere Versorgung machen müssen, weil alles, was unser Körper benötigt, in Hülle und Fülle wächst. Die Sonne strahlt kraftvoll am Himmel, und wo kein Wasser ist, vermag sie die Erde auszutrocknen.

Jetzt ist es wichtig, auch den Gegenpol zu ehren: das Wasser und die kühlende Nacht. Mit der Sommersonnenwende werden die Tage wieder kürzer und die Nächte länger. An diesem scheinbaren Höhepunkt ist die Wende bereits vollzogen! Es kommt nun zu jenen magischen Momenten, in denen die Welt in ihrer Ganzheit erfahren werden kann. **Erwachte Herzen gehen aus und suchen Freude in der Musik, im Tanz und im Spiel. In Leichtigkeit einfach sein!**

ASTROLOGISCH GESEHEN FINDET ZUR SOMMERSONNENWENDE DER WECHSEL VOM STERNZEICHEN ZWILLING IN DAS STERNZEICHEN KREBS STATT.

Der Zwilling als Luftzeichen möchte v. a. die Leichtigkeit des Lebens spüren sowie anspruchsvolle Kommunikation und regen Austausch mit anderen erfahren. Dem Zwilling ist eine große Neugier auf das Leben und ein stän-

6 Sie zählen aber auch zu den neun Kräutern, die im August für einen Kranz aus Getreide gesammelt werden, der als Schutz vor Feuersbrunst, Zauberei und Versprechungen dient. Die Mitte ziert eine Königskerze.

Ich danke Gott für diesen
wundervollen Tag:
für die grünen Geister der Bäume,
für den blauen Traum des Himmels
und für alles,
was wahrhaftig ist,
was unendlich ist und was Ja ist.

unbekannt

diges Streben nach Veränderung und Neuerung zu eigen. Beim Sternzeichen Krebs rückt dagegen die Innenschau in den Vordergrund, das Gefühl und die Intuition. Was wir daraus lernen können, ist, dass wir unserem mütterlich nährenden Aspekt mehr Bedeutung beimessen sollen. **Wir denken darüber nach, wie gut wir uns um unser inneres Kind kümmern, wie sehr wir uns selbst bemuttern und nähren.**

Die Sommersonnenwende wurde bei den Kelten ausgiebig gefeiert. Meist dauerte sie zwölf Tage lang. Es war ein Dankesfest für die herrliche Sommerzeit mit all ihrer Fülle und ihrem Überfluss – die sorgloseste Zeit des Jahres. Es wurde um das Feuer getanzt, am besten paarweise. Die Frauen trugen Kränze aus Gundelreben auf ihrem Kopf und Gürtel aus Beifuß um ihre Hüften. Im Laufe des Abends wurden die Tänze immer ekstatischer, manchmal wurde sogar nackt getanzt. Die Nacktheit galt als rituelle Nacktheit, als ein heiliger Zustand, der die Verbindung zum Ursprünglichen darstellen sollte. Die jungen Pärchen schworen sich Liebe und sprangen über das Feuer. Die Druiden warfen Bärlapp-Sporenstaub ins Feuer, bekannt als Blitzpulver oder Hexenmehl.

Während der Sonnenwenden, sowohl im Winter als auch im Sommer, ist der Vorhang zwischen den Welten besonders durchlässig. Es ist eine Zeit, in der die Götter auf die Erde herabsteigen und die Elfen auf der Erde herumziehen. Haus und Hof wurden früher mit Girlanden aus **Efeu, Johanniskraut, Schafgarbe, Wegerich** und **Margeriten** geschmückt. Wer die Heilkräfte der Pflanzen kennt, weiß warum. Nehmen wir z. B. das Johanniskraut, das meist zur Sommersonnenwende seine Blüten öffnet und die Sonnenkräfte speichert. Die kleinen, radiär und symmetrisch angelegten Blütenblätter arbeiten wie kleine Sonnenscheiben, die zusammen mit den strahlenartig von der Blüte ausgehenden Staubfäden eine große Fülle an Lichtkräften einsammeln. Paracelsus war von der Heilkraft dieser Lichtpflanze überzeugt, die er bei Menschen einsetzte, die unter krankhaften, bedrohlichen Bildern litten. Johanniskraut öffnet die Sinne für das Licht. Es ist von jeher eine Abschirmpflanze bei negativer kosmischer Strahlung.

Der Jahreszeitengarten

Sind die Kinder aus dem Haus oder steht ein Generationswechsel bevor, braucht es neue Ideen und neuen Schwung. **Die perfekte Zeit für die Planung eines Jahreszeitengartens – die Wohlfühloase auf kleinem Raum.** Mit einem Jahreszeitengarten schaffen wir uns einen Ort, an dem wir das ganze Jahr über viele interessante Gestaltungsideen realisieren können. Es beginnt mit einem leeren Blatt Papier, einem Bleistift und Radiergummi und ersten Skizzen!

Es reichen oft wenige Fragen. Die erste ist schnell beantwortet: Ja, der Garten darf pflegeleicht sein! Egal, ob berufstätig, viel auf Reisen oder im Ruhestand vollbeschäftigt – ein Garten sollte als ein Raum der Lebenslust begriffen werden! Detaillierter wird es dann bei den nächsten Fragen, bei den Fragen nach lang gehegten Wünschen und nach den natürlichen Gegebenheiten des Standortes:

- Reicht der Platz für ein lauschiges Gartenzimmer mit Duftpflanzen für Spürnasen und Rosenliebhaber?
- Stehen Obstbäume auf der Rasenfläche als natürliche Schattenspender oder ist ein Obstspalier eine machbare und zugleich köstliche Alternative?
- Braucht es einen Gemüsegarten mit einem Hochbeet für Hobbyköche?
- Soll es einen Teich mit bunten Fischen geben oder reicht eine Vogeltränke mit einer Futterstelle für die kleinen Flugdrachen?

All das möchte im Vorfeld wohlbedacht sein. Auch stellt sich die Frage nach kleinen Ausflugsorten im Garten wie z.B. einem Pavillon oder einem überdachten Sitzplatz. Doch dieser Platz möchte wirklich gut überlegt sein, um ihn zu einem attraktiven Sonnenplatz zu machen. Darf es der Frühstücksplatz in der Morgensonne sein? Dann sollte seine Ausrichtung nach Osten erfolgen. Oder doch lieber ein Sonnenplatz für die Sonnenanbeter ab Mittag? In diesem Fall sollte er nach Südwesten zeigen, damit die Sonne einen bis in die Abendstunden wärmt.

Und wie steht es um die Grünfläche? Braucht es eine weite Rasenfläche? Wenn kleine Kinder im Haus sind, ein Muss! Hier sollte es einen Spielgarten mit Geräten geben, in dem kleine Kinder toben können, Platz für Kaninchen, eine Schildkröte oder ein Fußballspiel ist, in dem Baumhäuser in Baumkronen gebaut und Beeren geerntet werden dürfen. Ob es den Rasen später noch braucht – wir werden sehen! Denn nicht erst seit Julia Roberts und Richard Gere im Film *Pretty Woman* die Herzen der Menschen begeisterten, ist es Traum und Vision vieler Menschen, barfuß über den Rasen laufen zu können. **Prickelnd schön ist es auch, über eine knirschende Kiesfläche zu laufen!** Neben dem Massageeffekt hat sie auch praktische Vorteile, denn sie erspart das Rasenmähen und lässt das Regenwasser gut versickern.

Sind auch diese Fragen geklärt, kann das Grundstück weiter in Gartenräume aufgeteilt werden. Kleine wie große Hecken und Zäune sorgen für zusätzlichen Sicht- und Windschutz, die für Geborgenheit, Rückzugsmöglichkeiten und kleine Gartenzimmer wie geschaffen sind. Aus der Anordnung dieser Gestaltungselemente erschließt sich die Wegführung für den Energiefluss im Garten.

WICHTIG: Kleine Gärten erfordern immer wieder einen Abgleich mit der formalen Gestaltung sowie eine sparsame Verwendung von Farben und Materialien. Möchte ich mit der Illusion von Raum spielen, bietet sich eine lange Wege- und Sichtachse an, die einem kleinen Garten mehr Tiefe verleiht. Möchte ich in Anlehnung an einen Senkgarten nach Karl Foerster zusätzlich Raum und Größe schaffen, sollten an geeigneten Stellen Stufen, gern aus Naturstein, eingebaut werden. Niveauunterschiede, die durch Treppen, Terrassen, Hügel oder Pflanzbeete geschaffen werden, geben kleinen Gärten mehr Raum.

Bei der Auswahl der Pflanzen ist am Anfang der Gartenplanung weniger oft mehr, schließlich darf nicht vergessen werden, dass Pflanzen einfach nur wachsen möchten und Platz für ihre Entfaltung benötigen. **Ohnehin braucht**

ein Garten Zeit zum Wachsen, so, wie auch der Mensch Zeit zum Werden braucht. Stillstand gibt es nirgendwo! Kleingehölze, Stauden und Sommerblumen lassen sich Schritt für Schritt in die Rabatten integrieren. Anregungen für die Staudenauswahl bekommen Sie in dem Kapitel »Heilende Gärten im Lauf der Jahreszeiten« ab S. 48.

Alles ist ständig im Wachsen und Werden begriffen!

Bäume geben einem Garten Struktur und sind wichtige Schattenspender sowohl für den Menschen als auch für Tiere und Pflanzen. In kleinen Gärten fällt die Wahl gern auf hochstämmige Kugelbäume. Zwei Arten möchte ich besonders hervorheben: Da wäre zum einen der **Ahorn** »Globosum« *(Acer platanoides)* zu nennen, der zeitig im Frühjahr austreibt und im Herbst eine wunderschöne Herbstfärbung zeigt, und zum anderen der **Trompetenbaum** »Nana« *(Catalpa bignonioides),* der aufgrund seiner Neigung zur Kopflastigkeit einen jährlichen Rückschnitt braucht. Als Unterpflanzung von Bäumen eignen sich hervorragend **Hortensien**, sofern die Wasserversorgung gesichert ist. Bleibt am Fuße des Baumes noch etwas Raum vor der Raseneinfassung, geben ihm im Frühjahr

Tulpen, Narzissen, Schneeglöckchen und andere Frühjahrsblüher einen farbenprächtigen Rahmen. Eine Kiesfläche kann durchaus bei der Herbstpflege punkten: Große Blätter lassen sich leicht abharken.

Der Wunsch nach einer Wasserfläche im Garten kann auch später noch verwirklicht werden. Vor vielen Jahren konnte ich miterleben, wie sich ein Ehepaar diesen Wunsch zur silbernen Hochzeit erfüllte. Doch nicht nur das: Die Rasenfläche, die vorher aufwendig zu mähen und zu pflegen war, verwandelte sich in eine große Wasserfläche. Heute ist es ein wundervolles Biotop für Pflanzen und Tiere!

Die Kraft der Natur

Warum drehen sich ganze Sonnenblumenfelder dem Licht entgegen?

Im Film *Stadt der Engel* gibt es eine Szene, in der die Boten am Strand stehen und den Sphärenklängen des Sonnenaufgangs lauschen. Auch wir kennen dieses Gefühl! **Wir erleben es frühmorgens, wenn die Natur gerade erwacht, die ersten Sonnenstrahlen im Osten auf die Erde treffen und sie wach küssen.** Manchmal ist es auch ein roter Feuerball, der scheinbar wie durch Magie am Horizont erscheint und golden in den Himmel aufsteigt. Wir Menschen schauen gern in die Sonne, erinnert sie uns doch an unser Zentrum, an unsere Mitte. Wer mit bloßem Auge in die Abend- oder Morgensonne blickt, erkennt ein rhythmisches Pulsieren und erfährt in diesen Momenten Lichtdurchflutung. Es ist ein erhebendes Gefühl, den Tag auf diese Weise zu begrüßen oder zu beenden.

Genauso ergeht es den Pflanzen mit ihren Blüten, ihren Seelen. Sobald die Sonne am Horizont erscheint, öffnen sie ihre Blütenköpfe, wenden sich der wärmenden Sonne zu und fangen das Licht ein. **Nie sieht ein Tautropfen schöner aus, als wenn er an einer Blüte haftet oder sich in einem Blatt sammelt und in seinem spiegelnden Glanz das ganze Universum reflektiert.** Eine Blüte ist vielgestaltig, mehrdimensional und kann uns für Momente aus unserem Bann, aus unserer Matrix entführen.

Ein Tautropfen vermag den Glanz des Universums zu reflektieren ...

In diesen Augenblicken werden wir uns bewusst, dass wir eins sind mit der Natur. Umso wichtiger ist daher eine bewusste Wertschätzung und Würdigung der Naturkräfte, aus denen unser Körper erschaffen ist. Dies verdeutlicht eine Zuordnung zu den fünf Elementen, denn nicht nur unser Garten besteht aus Erde, Wasser, Luft, Feuer und Äther, sondern auch unser Körper. Fragen, die wir unserem Garten stellen, können wir genauso an unseren Körper richten, der ebenso Pflege und Fürsorge bedarf.

Betrachten wir unseren Körper als Erdengefäß, wird klar, warum es so wichtig ist, diesen Tempel liebevoll zu pflegen und zu reinigen: Die Seele soll Lust haben, im Körper zu wohnen. Jede Ursache hat eine Wirkung, jede Wirkung eine Ursache. Für alles gibt es eine Zeit. Alles schwingt.

- Schenken Sie Ihren Pflanzen Aufmerksamkeit? Kennen Sie ihre Bedürfnisse?
- Ernten Sie die Pflanzen und würdigen Sie sie für ihr Wachstum? Sind die Pflanzen in Ihrem Garten gut versorgt und in gesunder Gartenerde eingebettet?
- Dürfen sie ohne Pestizide wachsen und gedeihen?
- Sind sie eine Weide für Schmetterlinge und Bienen?
- Können Nützlinge ausreichend Nahrung finden?
- Findet Kommunikation statt?

Wer nah am **Wasser** gebaut hat, weiß, wie sehr Gefühle, immer im natürlichen Zusammenspiel mit dem Biorhythmus, Einfluss auf die Tagesqualität nehmen können. Und das ist gut so! **Je mehr wir unser Gefühlsleben achten und wertschätzen, desto sicherer führt es uns als Navigator unseres Herzens durch alle Stromschnellen unseres Lebens und zum richtigen Zeitpunkt genau an die Orte, wo die Freude und das Glück sprudeln.** Das Leben ist JETZT!

Lassen Sie den sprudelnden Quellen Ihres Lebens freien Lauf? Oder ist es die Trägheit am Morgen, am Abend, auch bekannt als der »innere Schweinehund«, der laut bellt?

- Erkennen Sie die Schöpferkraft Ihrer Gedanken an?
- Wie achtsam gehen Sie mit Ihren Gefühlen und diesem Leben spendenden Nass um?
- Lassen Sie den sprudelnden Quellen Ihres Lebens freien Lauf?
- Haben die Pflanzen, die sich bereit erklärt haben, Ihnen zu dienen, genug Nahrung und Wasser zum Wachsen, Werden und Gedeihen?

Wenn der Kopf wieder einmal Gedankenkarussell fährt, ist es erstaunlich, wie nur ein paar Atemzüge Licht und Luft helfen, den Körper zu zentrieren und den Geist zu beruhigen.

- Erkennen Sie die Kraft Ihrer Gedanken an?
- Womit beschäftigt sich Ihr Geist den lieben langen Tag?

In spirituellen Kreisen ist oft die Rede vom Lichtkörper, von der Aura, dem Prana oder Lebensfeuer. Damit ist das Feuer gemeint, das uns durchdringt und sich wie ein bunter Lichtmantel um unseren Körper legt und uns mit allem versorgt, was wir brauchen. Der freie Wille geschehe ...

- Strahlen Ihre Augen nur so vor Freude über Ihre inneren und äußeren Bilder? Springt Ihr Herz vor Freude?
- Verspüren Sie dieses Feuer im Herzen, wenn Ihre Leber nur so vor Energie und Tatendrang strotzt?
- Sind Sie gut eingebettet in allem, was ist?

Heilende Gärten im Lauf der Jahreszeiten

Wenn du einen grünen Zweig im Herzen trägst,
wird sich schon bald ein Singvogel
darauf niederlassen!

Wenn der Jasmin im Winter blüht,
ist es Zeit, Obstbäume zu schneiden.
Wenn die Forsythien blühen, ist es Zeit,
die Rosen zu schneiden.

Mit der Haselblüte gepflanzt, wachsen Beerenobst,
Rosen und Sträucher besonders gut!

Lesen wir im Buch der Natur, so werden
wir mit Fülle reich beschenkt –
sei es mit der Wetterlage als Willkommensgruss,
sei es mit unbändigem Blütenreichtum
und Erntesegen.

Ja, selbst in der Winterruhe, eingebettet in
weisser Pracht, verzaubert uns die Natur mit
Sternenglanz und Schneeglöckchen und
zelebriert in der Wintersonne,
was Lebendigkeit und pure Lebensfreude,
was reine Schöpferkraft ist!
In Dankbarkeit für alles, was ist!

Wegweiser

Dieses Kapitel widmet sich dem Garten im Jahreslauf. Folgen wir den Rhythmen der Natur, und erkennen wir an, dass die Naturgesetze dem Leben dienen. Sie ermächtigen uns, unser Seelenlicht auf der Erde zu manifestieren. Wenn wir zu bewussten Schöpfern in unserem Alltag werden, so werden Synchronizitäten und Zufälle zunehmen. Wir bewegen uns dann im Einklang mit allem, was ist.

Ich nehme Sie jeden Monat auf einen Spaziergang durch den Garten mit. Dabei werden wir verschiedene Bereiche passieren:

- Stauden · Blumen · Rabatten
- Der Obstgarten
- Das Rückgrat des Gartens – Hecken und Gehölze
- »Von wegen Unkraut!« und andere Irrtümer

Zu diesen Themen werde ich Ihnen viele nützliche Informationen und Tipps und Tricks zur richtigen Pflege geben. Pflanzen wachsen in unserer Nähe, um uns zu dienen. Am Ende jedes Kapitels werde ich Ihnen daher mit:

- Erntezeit in Gottes Garten

ausgewählte saisonale Kräuter und Früchte auf dem reich gedeckten Tisch der Natur zeigen, die zu dem jeweiligen Zeitpunkt im Garten gefunden und gepflückt werden können – ganz im Sinne der alten Volksweisheit **»Gegen jede Krankheit ist ein Kraut gewachsen«.** Zudem werde ich Ihnen eine Auswahl von vierzehn Bäumen und Sträuchern vorstellen, denen Sie zwischen den Monaten begegnen werden:

1. Der Apfelbaum – *Malus domestica*	Familie: *Rosaceae,* Rosengewächse
2. Die Birke – *Betula pendula – Betula*	Familie: *Rosaceae,* Rosengewächse
3. Der Birnbaum – *Pyrus communis*	Familie: *Rosaceae,* Rosengewächse
4. Die Buche – *Fagus sylvatica*	Familie: *Fagaceae,* Buchengewächse
5. Die Eiche – *Quercus robur*	Familie: *Fagaceae,* Buchengewächse
6. Die Esche – *Fraxinus excelsior*	Familie: *Oleaceae,* Ölbaumgewächse
7. Die Fichte – *Picea abies*	Familie: *Pinaceae,* Fichtengewächse
8. Die Hainbuche – *Carpinus betulus*	Familie: *Betulaceae,* Birkegewächse
9. Der Haselnussstrauch – *Corylus avellana*	Familie: *Betulaceae,* Birkegewächse
10. Der Kirschbaum – *Prunus avium*	Familie: *Rosaceae,* Rosengewächse
11. Die Kiefer – *Pinus sylvestris*	Familie: *Pinaceae,* Fichtengewächse
12. Die Quitte – *Cydonia oblonga*	Familie: *Rosaceae,* Rosengewächse
13. Der Walnussbaum – *Juglans regia*	Familie: *Juglandaceae,* Walnussgew.
14. Die Zeder – *Cedrus atlantica*	Familie: *Pinaceae,* Fichtengewächse

Und immer wieder werden Sie Wissenswertes zur Hege und Pflege Ihres Gartens von mir erfahren, sodass Ihrem erfolgreichen Gartenjahr nichts mehr im Wege stehen wird!

Jeder Monat beginnt mit einem Zeitfenster, das die aktuelle Zeitqualität beschreibt. Diese Fenster öffnen und schließen sich. Für uns Menschen sind dies Dimensionstore für Entwicklungsschritte – Spiegel. Überall lassen sich diese Spiegel, diese versteckten Schlüssel finden. Jeder Mensch blickt dabei in seine ganz eigenen Spiegel. Finden Sie für sich selbst heraus, wo Sie in der Natur diese Spiegel finden – freuen Sie sich auf eine spannende Entdeckungsreise!

Gartentipp: Das Gartentagebuch

Bei der Gartenarbeit fliegen uns bekanntermaßen die besten Ideen wie Schmetterlinge zu – sei es das Umpflanzen und Neuzuordnen oder das Teilen von Stauden u. v. m., doch sie entfleuchen auch flugs. Notieren Sie diese Gedanken, auch kreative Einfälle – aufgehoben für später! Wer viel im Garten unterwegs ist, weiß, wie wichtig diese kleinen Merkhilfen sind. Ein Gartentagebuch ist daher der ideale Begleiter. Nicht zu groß, sondern eher klein und praktisch sollte es sein, mit einem Bleistift versehen, jederzeit zur Hand und wassergeschützt. Wer gern Bilder abspeichert, für den ist eine kleine Kamera genau das Richtige. So lassen sich schöne Bilder und Ideen für später festhalten. Besonders hilfreich ist es, das Gartentagebuch im Frühjahr und Herbst zu den angesagten Umpflanzzeiten zu durchforsten. Kleine Skizzen sind hilfreiche Erinnerungen. Eine Pflanzenwunschliste am Ende des Buches kann nach Belieben angelegt werden.

Frühling

Die Birke

PIONIERIN · BESCHEIDENHEIT · FRUCHTBARKEIT · LEBENSKRAFT · FREUDE

Die Birke symbolisierte in frühen Zeiten den Neuanfang und die Wiedergeburt der Sonne. Die Kelten weihten der Birke, ihrem Lichtbaum, daher den 24. Juni, drei Tage nach der Sommersonnenwende. Bei den Schamanen in Sibirien gilt sie als der Weltenbaum.[7] **Sie gilt als Torhüterin zwischen der Welt des Lebens und des Todes.** Der Maibaum als Weltenbaum an Beltane, dem Feuerfest zum 1. Mai, zeigt uns daher, dass sich die Grenzen zwischen den Welten besonders leicht überwinden lassen. Symbolisch stellt der Maibaum den männlichen Phallus dar, und der oben angebrachte Kranz die weibliche Vagina. Dies erklärt die frühere Bedeutung der Maifeste als Fruchtbarkeitsritus.

Die Birke steht für den Beginn und die Entstehung von neuem Leben. So ist sie der erste Baum im Frühling, der grünt und Blätter trägt und dem die anderen folgen. **Die Birke ist die Freude des Frühlings, der Jugend und der Liebe.** Die Formen der Blätter ähneln denen der Linde, denn beide haben eine unverkennbare Beziehung zum Symbol des Herzens. Ein Zeichen der Liebe war deswegen das Aufstellen eines Birkenbäumchens vor dem Haus der Geliebten: Ein Heiratsantrag. Wiegen für Säuglinge wurden ebenfalls aus Birkenholz gefertigt: Es ist diese Fröhlichkeit der Birke, wenn ihr erstes Grün in der Frühlingssonne leuchtet und unsere Seele in den Armen wiegt wie eine Mutter liebevoll ihr Kind.

Frisch geschlagene Birkenzweige, ebenso wie jene von der **Weide, Hasel** und **Vogelbeere,** dienten als Lebensrute. Zu Beginn des Frühlings berührten die Bauern damit alles, was fruchtbar werden sollte: Acker, Bäume, Tiere, auch junge Frauen ... Der Hexenbesen war ein Symbol, das im Zusammen-

7 Bei den Germanen ist dies die Esche.

hang mit Beltane bzw. der Walpurgisnacht Bedeutung hatte. Er bedeutet frischen Schwung und glückliche Zufälle. Für die büschelförmigen Wucherungen an den Zweigen des Hexenbesens ist ein parasitärer Pilz namens *Taphrina betulina* verantwortlich.

Die Birke ist eine Pionierin, die sich mutig in der Landschaft ausbreitet und die unglaublichsten Orte – ja, sogar Flachdächer und Dachrinnen – besiedelt. **So ist es leicht zu verstehen, dass sie bei persönlichen Befreiungsprozessen dem Menschen eine wertvolle Begleiterin ist**. Dies gilt auch bei der eigenen Identitätssuche. Sie lässt uns wachsen und reifen.

In Zeiten, in denen die Menschen eng mit der Natur verbunden waren, lieferte ihnen die Birke alles, was sie brauchten. Die junge Rinde diente als Material für Umhänge, Matten, Taschen – ja, selbst für Schuhe, Löffel und Teller. Die Nähte von Kochtöpfen wurden mit Birkenharz versiegelt. Getrocknete Birkenrinde, eng zusammengerollt, wurde als leuchtende Fackel verwendet, und der Zunderschwamm, ein Pilz, der auf altem Birkenholz wächst und leicht entflammbar ist, diente als Streichholz. Auch das älteste Kaugummi der Welt (9000 Jahre alt!) mit Zahnabdrücken eines Steinzeitmenschen, ist aus Birkenharz, und Ötzi, der 4000 Jahre alte Mann aus dem Eis, trug einen Becher aus Birkenrinde bei sich. Zudem ist bekannt, dass Birken-, aber auch Brennnesselsaft die Kopfhaare wieder gesunden lässt und Birkenrinde ein sehr gutes Wundpflaster ist.

Der Birnbaum

GUTE BEZIEHUNGEN · REINHEIT · GERECHTIGKEIT · SINNLICHKEIT

Die Birne ist im Frühjahr eine der Ersten, die mit ihren weißen Blüten die Herzen der Menschen erwärmt. Die Heilwirkung des Birnbaums ist schon seit der Antike bekannt. Doch während bei den Germanen Gruppen von Birnbäumen im Wald als heilige Orte noch

verehrt wurden, wurden diese Bäume während der Christianisierung gefällt!

Ähnlich wie die **Quitte** (siehe S. 147) deutet die Birne auf die weibliche Fruchtbarkeit hin. Gemeint ist damit eine glückliche Partnerschaft, eine Freundschaft oder eine bedeutungsvolle Liebesbeziehung, die von Dauer sein wird. Birnbäume können sehr alt werden.

Wer sich in **Birnbäume** hineinspüren kann, erfährt mehr über die Sinnlichkeit und die natürliche Neugier auf das Leben. Sie lehren uns, Verletzungen zu vergessen und uns von Verlustängsten zu lösen. Die Birne stärkt unser Selbstvertrauen. Ihre Süße als Aphrodisiakum schenkt uns Hoffnung und den Glauben an das Gute. Der Birnbaum steht für die selbstlose, nach dem Vorbild Jesu Christi gelebte Liebe.

Die Äbtissin Hildegard von Bingen (1098–1179) empfahl Latwerge, ein eingekochtes Mus aus gekochten Birnen. Das Rezept ihrer Birnenkur:

> GEGARTE BIRNEN MIT HONIG,
> BÄRWURZFENCHEL,
> SÜSSHOLZWURZEL, GALGANT,
> DREIMAL AM TAG IN KLEINEN
> PORTIONEN ESSEN.
>
> Birnenkur nach der Hl. Hildegard

Für die Hl. Hildegard war diese Birnenhonigkur »wertvoller als Gold, denn sie reinigt den Menschen innerlich, wie, wenn man einen Topf vom Schimmel reinigt.« Eine Birnenkur ist ein bewährtes Mittel für Fett- und Wassersüchtige, da ihr hoher Kaliumüberschuss und das Fehlen von Kochsalz den Wasserhaushalt bei Kreislauf- und Nierenerkrankungen reguliert und das Fehlen von Eiweiß und Fett den Körper entfettet. Ein Tee aus frischen Birnenblättern ist hilfreich bei Entzündungen der Nieren und der Blase sowie bei Rheuma und Gicht. Er befreit den Dickdarm und die Lungen.

Heilende Gärten im März

Im Märzen der Bauer die Rösslein einspannt ...

Die Pflanzzeit der Gehölze ist im Gange. Stauden treiben erste Blätter in der Frühlingssonne aus. In den Gärtnereien und Baumschulen verzaubert das Farbenspiel der Frühjahrsblüher. Achten Sie bei Kräutern aus dem Gewächshaus auf Frosthärte. **Primeln, Violen** und **Bellis** werden in Kalthäusern herangezogen und sind abgehärtet, nicht jedoch Kräuter, die aus Italien importiert wurden – und der Winter schaut gern noch einmal im März vorbei!

Stauden · Blumen · Rabatten

Erst auf den zweiten Blick fallen **Bergenien** ins Auge, aufgrund der Blattform auch »Elefantenohren« genannt (siehe S. 81), die die englische Gartengestalterin und Autorin Gertrude Jekyll (1843–1932) schon Anfang des vorigen Jahrhunderts für sich entdeckte.[8]

8 Gertrude Jekyll komponierte Gärten wie Gemälde – für sie zählte die Gartenkunst neben der Dichtung, der Musik und der bildenden Kunst zu den schönen Künsten. Berühmt wurde sie aber nicht nur mit ihren Gartenentwürfen – sie plante über 400 Gärten –, sondern durch ihre literarische Arbeit. 1881 schrieb sie den ersten von über 1000 Artikeln über Gartengestaltung und Pflanzenanwendung, viele Jahre arbeitete sie für die Zeitschrift *The Garden* und schrieb 13 Bücher.

Diese schönen Blattschmuckstauden sind praktisch das ganze Jahr über im Garten präsent und wirken dabei niemals aufdringlich. Ja, sie sorgen sogar für Struktur im Garten: Sie unterstützen andere Stauden an Weg- oder Rasenrändern und malen schon mal eine Kurve am Anfang oder am Ende einer Rabatte, dort, wo auch gern Buchsbäume gepflanzt werden. Sie wachsen auf fast allen Böden und ertragen selbst ungünstige Lichtverhältnisse – am liebsten gedeihen sie aber in der Sonne. Ihre Blüten – von weiß über hellrosa bis pink – zeigen sie meist ab März und dann bis in den Mai hinein. Einige blühen im Herbst ein zweites Mal. Für kleine Gärten eignen sich kleinblättrige Sorten wie die Bergenia »Baby Doll«.

Die beste Zeit, Rosen zu schneiden, ist während der Blütezeit der Forsythien. Wichtig: Rosen im Bestand müssen regelmäßig geschnitten werden, denn fast alle Rosen blühen am diesjährigen, einjährigen Holz. Nur ein kräftiger Rückschnitt lässt viele neue Triebe entstehen. Ausnahme: die meisten einmal blühenden Wildrosen. Sie blühen auch am zweijährigen Holz. Die gilt jedoch nicht für öfter blühende Wildrosen wie die **Kartoffelrose** *(Rosa rugosa)*. Diese wird am besten

im Frühling so stark wie möglich zurückgeschnitten. Wichtig bei Rosen ist auch die richtige Sortenwahl, die den Standort berücksichtigt, und eine gute Qualität, die in ausgewählten Baumschulen und Fachbetrieben sicher zu finden ist. Das Verrückte ist, dass Rosen selbst auf Sandböden sehr gut gedeihen können, solange die Wasserversorgung und die Pflege gesichert sind.

Rosen freuen sich über eine liebevolle Anrede! Die Rose ist nicht nur eine Königin, sondern auch eine Liebesbotin und kann daher nicht genügend geehrt werden! Sie wird es Ihnen mit einem üppigen Blütenflor danken! Geeignete Partner an ihrer Seite sind **Lavendel, Katzenminze, Buchsbaum** und **Ilex crenata.** Für schattige Standorte sind schattenverträgliche Clematis eine schöne Alternative zu Kletter- oder Strauchrosen.

Viele Obstbäume gehören übrigens zur Familie der Rosengewächse *(Rosaceaen)* und ergänzen sich daher prima mit Rosen. Bitte pflanzen Sie keine Rosen an Obstbäume, die Sie ernten möchten, und denken Sie an den Sommer- oder Winterschnitt! Rosen haben Stacheln – botanisch gesehen sind es keine Dornen! – und es würde Ihnen die gute Laune verderben oder Sie möglicherweise in den 1000-jährigen Schlaf wie bei *Dornröschen* versetzen ...

Mit freundlicher Empfehlung einer lieben Gartenkundin gebe ich Ihnen hier eine Rezeptur, die Rosen prächtig gedeihen lässt und sie weitestgehend vor Rostpilzen und Mehltau schützt:

500 ML MILCH, 50 ML RAPSÖL, 2 EL BACKPULVER, MIT HEISSEM WASSER AUF 5 L AUFFÜLLEN, ALLE 14 TAGE TROPFNASS SPRITZEN, KEINE RESTE AUFHEBEN!

Rezeptur für gesunde Rosen

Der Obstgarten

Der fachgerechte Obstgehölzschnitt ist wichtig für einen guten Start ins Jahr. Wer ein Hochbeet für sein Gemüse plant, kann den Baumschnitt gut dafür verwenden. Der Winterschnitt der Obstgehölze endet bereits im März, da die Vogelbrutzeit durch die milden Winter der vergangene Jahren schon früh beginnt. 2014 waren die Störche schon Ende Februar auf ihre Horste zurückgekehrt. **Meister Adebar gilt als Glücksbringer!**

Aprikosen werden zwischen März und Juni geschnitten. Nach dem Winter wird das tote Holz bis auf das gesunde Holz zurückgeschnitten. Junge Aprikosen sollten Sie im März etwas weiter zurückschneiden, ältere hingegen am besten erst im Juni. Die meisten Früchte tragen die zwei- und dreijährigen Seitentriebe.

Bei **Himbeeren** können jetzt überzählige Bodentriebe entfernt werden. Die

Grundregel lautet: Etwa 10 Ruten pro laufenden Meter. Der Sommerschnitt ist hier aber erst im Juni.

Pfirsichbäume und **Sauerkirschen** (auf monilia-resistente Sorten achten!) tragen am einjährigen Holz – also an den Trieben vom Vorjahr. Ein konsequenter Rückschnitt ist kurz nach der Blüte angemessen.

Der beste Zeitpunkt für den Rückschnitt von **Quittenbäumen** ist der späte Frühling, kurz vor der Blüte. Hier ist meist kein strenger Frost mehr zu erwarten, der Teile des Baumes erfrieren lassen könnte. Wenn es zu kalt ist, würde das Holz des Baumes sehr leicht splittern. Siehe auch »Die Quitte«, S. 147.

Das Rückgrat des Gartens – Hecken und Sträucher

Der Frühjahrsschnitt endet Mitte März, kurz bevor die Sträucher austreiben, der Sommerschnitt Ende Juli. Der Vorteil des Sommerschnittes ist, dass die Hecke schnell wieder austreibt und die Vogelbrut nicht gestört wird. Ausnahme: Frühlingsblühende Hecken werden erst nach der Blüte geschnitten!

Nistplatz für Hummeln Wenn die **Johannisbeeren** blühen, suchen die Königinnen fast aller Hummelarten einen Nistplatz in der Erde. Graben Sie dafür einen Tontopf, gefüllt mit Pferdehaar oder Holzwolle und Lecaton in die Erde ein. Ideal ist ein schattiges Plätzchen unter Gehölzen. Das Abzugsloch bleibt als Eingang offen, geschützt mit einem halben Tontopf als Dach vor Nässe.

Vogelschutz Von März bis September ist Vogelschutzzeit! Achten Sie daher bei Ihrer Gartenarbeit bitte auf Vogelnester. Die meisten Vögel brüten bis Ende Juli. Grünfink, Hänfling, Gimpel jedoch bis August. Der NABU (Naturschutzbund Deutschland) leistet hier eine hervorragende Arbeit: Er bietet Führungen an, um die heimische Vogelwelt kennenzulernen!

Rasen Von Mitte bis Ende März kann der Rasen vertikutiert werden (Schachbrettmuster), zumindest wenn die Temperaturen durchgängig über 10°C liegen. Fehlstellen und Moosflächen deuten oft auf eine Rasenmischung hin, die den Standortansprüchen nicht angemessen ist. In einem solchen Fall sollten Sie den pH-Wert mit einer Bodenprobe messen (Indikatorpapier), anhand derer sie die Rasenmischung im Gartencenter auswählen und Fehlstellen nachsäen.

Erntezeit in Gottes Garten

Beinwell *(Symphytum):* Schon der Schweizer Arzt und Philosoph Paracelsus (1493–1541) benutzte die Wurzeln dieser Pflanze zur Heilung von Knochenbrüchen. Traditionell wird Beinwell im Bewegungsapparat bei Verstauchungen, Verspannungen und Arthrose eingesetzt. Für die Hl. Hildegard war Beinwell eines der wertvollsten Heilkräuter der Volksmedizin. So stammt der Name »Kuchenkraut« von ihr, da sie einen Kuchen aus Mehl, Beinwellblättern und Honig als Heilmittel anpries.

Forsythie *(Forsythia intermedia):* Eine Frühlingsbotin, die uns die Rückkehr des Lebens nach einem langen Winter verkündet. Sie ist eine Verwandte des Olivenbaumes und erinnert uns Menschen an unsere spirituelle Natur. **Als Lichtbringer schenkt sie uns Freude und ein Gefühl von Freiheit.** Mit ihren goldgelben Blütenblättern fängt sie das Licht ein und lässt es ihrerseits in voller Blüte erstrahlen!

Bärlauch *(Allium ursinum)* und **Huflattich** *(Tussilago farfara):* Die Naturliebhaber haben es auf ihren Spaziergängen natürlich schon längst entdeckt: Von der Frühlingssonne angespornt, zeigen sich der erste Bärlauch (Bärenlauch), meist noch unterm Laub versteckt, und Huflattich, der gegen Husten und Frühjahrsmüdigkeit hilft. Wer auf Blütenpollen allergisch reagiert, kann eine Leberreinigung nach Hulda Clark durchführen. Im Anschluss daran ist zur Stärkung und als Mittel gegen Frühjahrsmüdigkeit die Bärwurzbirnkur von der Hl. Hildegard sehr zu empfehlen.[9]

9 Brigitte Pregenzer und Brigitte Schmidle: Hildegard von Bingen – Einfach Leben. Kandem 2012.

Die Buche

Wohlstand · Mütterlichkeit · Lebenskraft · Selbstwert

Buchen sind schön anzusehen – im Sommer, wenn ihr Blätterdach Schatten spendet und zugleich stille Einsamkeit verheißt, da es die Tierwelt fernhält, und im Winter, wenn ihre hellbraunen Sprossen vom nahenden Frühling künden. Wer sie genauer betrachtet, erkennt Augen auf ihrer Rinde **– die Welt betrachtend, wissend um Gegenwart, Vergangenheit und Zukunft.** So diente die Buche früher zur Wettervorhersage (siehe S. 210). Fragen Sie einen Forstwirt, und er wird Ihnen sicher gern mehr über das eine oder andere Phänomen erzählen. So öffnen und schließen sich z.B. die Tannenzapfen der Tannen je nach Wetterlage. Oder ihre Zweige hängen herunter, wenn sich Regen ankündigt. Bei Krankheiten wurden Runen in die Rinde der Buche geschnitzt, und auch heute noch beliebt sind in Buchen eingeschnitzte Herzsymbole. Wussten Sie zudem, dass Buchenholzasche früher sowohl als Seife als auch zusammen mit Ziegenfett und Wasser vermischt zum Aufhellen der Haare verwendet wurde? Die Germanen betrachteten einen Buchenwald als eine Art mütterliches Wesen und weihten ihn ihrer Göttin Freya. Auch im Altertum wurde die Buche von den Griechen, Römern und Rumänen hochverehrt. Auf dem Olymp wuchsen daher Buchenhaine, deren Stämme die weisen Eulen von Athen, die Vögel der Göttin Athene, bewohnten. In Rumänien war es üblich, Tiere unter Buchen zu treiben, um ihre Fruchtbarkeit zu erhöhen. **Im Baumkreis der Kelten symbolisiert die Buche Stärke in der Gemeinschaft.** Für die Kelten galt die Buche als Wunschbaum, weswegen sie y-förmige Buchenstäbe zusammen mit einem Wunsch an ihre Äste banden. Diese sollten von den Feen eingesammelt und zur Wunscherfüllung zur Feenkönigin gebracht werden.

Der März-Garten als Spiegel der Seele

Jetzt spielt der Frühling auf der Harfe sein zauberhaftes Lied, und die Vögel stimmen in aller Herrgottsfrühe mit in das morgendliche Konzert ein. Im Osten, in der östlichen Philosophie, beginnt der Frühling schon Mitte Februar, im Westen hingegen offiziell erst am 21. März.[10] Er wird dem Element Holz – Wachstum, Aktivität und Expansion zugeordnet. Diese Kräfte erkennen wir in der Natur mit dem Austreiben der Bäume und Sträucher – und in uns Menschen erwachen jetzt diese unbändigen »Frühlingsgefühle«. Mit der Tagundnachtgleiche am 20. März werden wir in diesem Monat eine unbändige Schubkraft verspüren. Für alle, die gut in ihren Herzen verankert sind, wird dies kein Problem sein.

VERTRAUEN IN DAS LEBEN IST JETZT WICHTIG, DENN: HERZ WEISS, HERZ LENKT!

Es sind diese wundervollen, machtvollen Energien des noch jungen Jupiterjahres, die sich seit Anfang Februar auf unserem Planeten einschwingen. Machtvoll für all die großherzigen Schöpferseelen, die sich ihrer Verantwortung und ihres Tuns bewusst sind. Bereit sein, auch für große Veränderungen, mit dem unbeugsamen Willen, unverzagt Liebe, Frieden und gute Gedanken vorauszuschicken. So kann sich das neue Bewusstsein manifestieren.

10 Der meteorologische Winter geht von Dezember bis Februar.

Jetzt ist die perfekte Zeit, das Gartenjahr mit offenen Fragen zu planen!

- *Was möchte ich erschaffen, was möchte ich ernten?*
- *Gibt es langweilige Ecken in meinem Garten?*
- *Möchte ich Sonnenplätze besonders hervorheben?*
- *Koche ich gern mit frischen Kräutern wie z. B. Rosmarin, Salbei, Galgant, Ysop, die ich in meinem Garten finden möchte?*
- *Liebe ich den Duft von Lavendel und von anderen betörenden Duftpflanzen?*

Verwirklichen Sie Ihre Träume und Ihre Visionen!

Heilende Gärten im April

April, April, der macht, was er will!

Der Übergang vom Frühling zum Frühsommer geht meist ganz leise vonstatten. Wenn ich im April unterwegs bin, staune ich, wie sich praktisch über Nacht goldgelbe Rapsfelder in die Landschaften gemalt haben, Bäume ihr zartestes Grün zeigen und überall das emsige Summen der Bienen ertönt. **Ja, nun ist das Wunder der Schöpfung wieder voll im Gange – und damit auch die Gartenarbeit!** Pflanzen, düngen, schneiden, säen – die Liste der Gartenarbeiten ist für den April länger als in jedem anderen Monat. Doch Achtsamkeit und der gewisse grüne Daumen sind jetzt gefragt, ist doch der April meist ein unbeständiger Monat mit seinen unterschiedlichen Wetterlagen. Kurze apriltypische Fröste sind keine Seltenheit!

Kübelpflanzen, Dahlien und **Gladiolen** können jetzt aus dem Winterquartier an eine geschützte Stelle im Garten gestellt werden, bis sie genügend abgehärtet sind und kein Frost mehr zu erwarten ist. Schauen Sie im Mondkalender nach den drei Jungfrautagen[11] – ideal zum Umtopfen und Stecklinge ziehen!

11 Siehe: Johanna Paunger und Thomas Poppe: Vom richtigen Zeitpunkt: Die Anwendung des Mondkalenders im täglichen Leben. München 2005.

ICH HABE KEINE PHILOSOPHIE, ICH HABE SINNE …
REDE ICH VON DER NATUR, SO NICHT,
WEIL ICH WEISS, WAS SIE IST,
SONDERN WEIL ICH SIE LIEBE, UND DARUM LIEBE ICH SIE;
DENN WER LIEBT, WEISS NIEMALS, WAS ER LIEBT,
NOCH WARUM ER LIEBT ODER WAS LIEBEN IST …

Fernando Pessoa, portugiesischer Schriftsteller
und Dichter (1888–1935)

Stauden · Blumen · Rabatten

Die Pflanz- und Umpflanzzeit für Stauden hat Hochsaison. Herbstblühende Stauden sollten jetzt geteilt werden. Sommerblumen wie z. B. **Kapuzinerkresse, Wicken, Schmuckkörbchen, Studentenblumen, Ringelblumen** und **Sonnenblumen** können direkt in die Rabatte, ins Blumenbeet, in die Baumscheibe oder an dem Sichtschutzzaun ausgesät werden. Ein Staudenbeet kann mit der Aussaat von einjährigen Sommerblumen und/oder Kräutern eine echte Bereicherung fürs Auge und eine Nektarquelle für Hummeln, Bienen und Schmetterlinge sein.

Legen Sie jetzt einen Kräutergarten oder eine Kräutertreppe an. Kräuter wie **Anis, Bohnenkraut, Dill** und **Fenchel** können direkt in die Gartenerde gesät werden, ebenso mehrjährige Kräuter wie **Estragon, Knoblauch, Koriander, Kümmel, Oregano, Petersilie, Pfefferminze, Rosmarin, Salbei, Schnittlauch, Thymian** und **Zitronenmelisse.** Für pflegeleichte Gärten empfehle ich Kräuter, die nur wenig Wasser brauchen. Dazu zählen **Currykraut, Lavendel, Majoran, Rosmarin, Salbei** und **Zitronenthymian.** Dazwischen gesellt sich gern **Vergissmeinnicht** in verzauberndem Himmelblau. Es darf auch ausgefallener sein, z. B.

mit **Apfel-** und **Duftpelargonien** oder **Honigmelonensalbei,** mit **Zitronenverbene** – ideal für einen wohltuenden Tee – oder Borretsch, bei dem einen allein schon diese wundervollen blauen Blüten faszinieren! Dazu Pflücksalat, **Rucola, Sauerampfer** und **Upside-Down-Tomaten**[12] und fertig ist das kleine Gartenparadies für Leckermäuler! Sie können sich aber auch von ihrem Lieblingsgärtner eine Auswahl in Töpfen zusammenstellen lassen. Für den Balkon empfehle ich **Basilikum, Rosmarin, Thymian** und **Salbei** als pflegeleichte Alternative zu einjährigen Sommerblumen.

Eine schöne Spielart des Kräutergartens ist die Kräuterspirale. Diese war schon im Mittelalter in vielen Burganlagen zu finden und wird auf die Erkenntnisse der Hl. Hildegard zurückgeführt. Sie ist ein Beispiel für die Permakultur, die auf die Schaffung von dauerhaft funktionierenden, naturnahen Kreisläufen abzielt. Ihr Prinzip sei kurz erklärt: Kräuterspiralen oder Kräuterschnecken sind dreidimensionale Pflanzspiralen, die vielen Gewürz-, Heil-, Tee- und Wildkräutern aus verschiedenen Klimazonen gerecht werden. **Die Kombination aus Würz- und Heilpflanzen bildet dabei eine Art Kraftfeld der Düfte, das der ganzen Pflanzengemeinschaft dient.** Bei der richtigen Bepflanzung und bestverträglichen Auswahl der Pflanzennachbarschaften wachsen die Pflanzen besonders gut und schützen sich untereinander vor Schädlingsbefall. Nicht geeignet sind groß wachsende Kräuter mit langen Wurzeln wie **Alant, Liebstöckel, Beinwell**

12 Eine Anleitung für diese finden Sie in Ihrem Baumarkt.

oder **Meerrettich.** Diese sollten einen Platz außerhalb der Kräuterspirale bekommen. Dies gilt auch für **Wermut,** dessen Wurzelausscheidungen sich ungünstig auf das Wachstum anderer Kräuter auswirken würden. Auch **Minze** und **Estragon** eignen sich nicht, da sie Wurzelausläufer bilden und sich über die gesamte Spirale ausbreiten würden. **Kapuzinerkresse** sollte an den Rand gepflanzt werden, damit sie sich nach außen hin ausbreiten kann. **Basilikum** wird am besten in einem Tontopf auf die Kräuterspirale gestellt, in die volle Sonne, denn es braucht Wärme und Feuchtigkeit. Vergessen Sie hier aber nicht das häufige Gießen!

Auch die Frühlingsboten/-zwiebeln ziehen langsam ein und machen Platz für die mehrjährigen Stauden. Schneiden Sie vor der Samenbildung die Blütenstände der Frühjahrsblüher ab, denn Samenbildung zehrt an den Kräften! Das Blattwerk wird erst nach dem Verwelken abgeschnitten, damit die Zwiebel alle Nährstoffe aus dem Blattwerk zurückgewinnen kann. Die Kreativen unter uns machen sich jetzt ans Werk, um zu schauen, was noch in Harmonie zu bringen ist: **Pflanzengemeinschaften erschaffen, die sich nähren, vorzügliche Standorte auserwählen, der inneren Stimme lauschen.**

GEHEN SIE SPIELERISCH UND KREATIV MIT IHREM GARTEN UM. PROBIEREN SIE AUS, WAS SICH GERN ZUSAMMENGESELLT UND WAS SICH GEGENSEITIG TRÄGT. ENTDECKEN SIE SAGENHAFTE PFLANZENGEMEINSCHAFTEN UND PFLANZENREICHE.

Wer immergrüne Bodendecker vermehren möchte, kann dies im April tun. **Dickmännchen, Efeu** und **Immergrün** sind in ihrer Pflege anspruchslos und fühlen sich in Schattenlagen wie z.B. unter Bäumen, zwischen Moorbeetpflanzen oder als Rabattenpflanzung wohl. Sie lassen sich leicht durch bewurzelte Bodentriebe vermehren. Sind die »Kinder« angewachsen, sollten sie für eine bessere Verzweigung gestutzt werden. So bilden sie in wenigen Jahren eine geschlossene Pflanzendecke, die den Boden vor Austrocknung und Erosion schützt.

GRÜN, DIE FARBE DER NATUR. SIE BRINGT ALLES IN BALANCE. GRÜN IST DIE FARBE DER HEIL(IG)UNG!

Der Obstgarten

Obstbäume können im April gerade noch veredelt werden. **Brombeeren** und **Pfirsichbäume** werden jetzt zurückgeschnitten. Für die Vermehrung von Beerensträuchern ist der April die beste Zeit. Brombeeren und **Himbeeren** lassen sich leicht durch Absenker vermehren. Die neubewurzelten Triebe dann an Ort und Stelle neu einpflanzen. Falls noch nicht geschehen, Himbeerruten schneiden und anbinden. Die Monilia-Spitzendürre, die während der Blütezeit bei **Sauerkirschen** auftreten kann, ist erkennbar an den »verbrannten« Triebspitzen und den Fruchtmumien, die an den Zweigen hängenbleiben. In diesem Fall sollten Sie die Triebe bis ins gesunde Holz zurückschneiden.

Das Rückgrat des Gartens – Hecken und Gehölze

Jetzt ist die beste Zeit, immergrüne Hecken und Sträucher zu pflanzen: Die Pflanzen haben die Winterruhe hinter sich und warten in den Baumschulen darauf, endlich in die Erde gebracht zu werden, um sich in den ewigen Kreislauf von Wachsen und Werden einzureihen. Frühblühende Sträucher wie **Forsythien, Prachtspieren** und **Zierjo-**

DAS BLAUE BAND

DER HIMMEL IST HEUTE
BLAU WIE EIN GUMMI-
HANDSCHUH AUS DEM
SUPERMARKTREGAL.
ICH WÜSSTE GERN,
WIE GROSS DIE HAND IST,
DIE IHN TRÄGT.

Barbara Pachl-Eberhart,
aus dem Engel-Magazin

hannisbeeren können nach ihrer Blüte ausgelichtet werden, damit sich neue Blütentriebe aus der Mitte heraus für das nächste Jahr bilden. Hecken und Buchsbäume können für den Neuaustrieb nachgeschnitten werden. Kommen **Kletterhortensien** in die Jahre, ist ein Verjüngungsschnitt erforderlich. Dabei werden ausschließlich ältere, schwache Triebe entfernt, nicht die Neutriebe, die bereits Blütenknospen tragen. Sie lassen sich gut durch Absenker (Triebe mit Luftwurzeln) vermehren.

Jetzt ist auch die Pflanzzeit für **Rhododendren.** Als Waldrandbewohner lieben sie einen sehr humusreichen, durchlässigen, kalkarmen Boden. Im Wurzelbereich kann die Erde mit Laub- und Rindenkompost angereichert werden, damit sie zu einer besseren natürlichen Abdeckung wird. Rhododendren sind Moorbeetpflanzen und lieben saure Böden mit einem pH-Wert zwischen 4,2 und 5,5. Sie reagieren deswegen sehr empfindlich darauf, wenn sie zu nah an Hauswände gepflanzt werden, da der Boden hier meist einen zu hohen pH-Wert hat bzw. zu kalkhaltig ist. Die Rhododendren »verhungern« regelrecht, da die Nährstoffe für sie nicht pflanzenverfügbar sind, oft zu beobachten an nekrotischen Blättern. Mit Hornspänen versorgt, wird die Pflanze angeregt, erst neue Wurzeln zu bilden, wenn der Dünger pflanzenverfügbar ist, denn sein Stickstoff muss erst durch Bodenlebewesen zersetzt werden. Die Freisetzung im Boden beginnt nach ca. drei bis vier Wochen und hält bis zu drei Monate an. Durch den Abbauprozess entsteht wertvoller Humus für die Bodenlebewesen. Wird mit Rindenkompost gemulcht, wird dem Boden Stickstoff entzogen, weswegen vor dem Mulchen immer eine Gabe Hornspäne auf dem Boden verteilt

werden sollte. Mit 12 bis 15 % Stickstoff sind Hornspäne pH-neutral – und das ist gut für den Boden und seine Lebewesen, denn es ist wie beim Menschen: Wenn dieser immer nur Saures, d. h. zu viel Zucker und Fleisch isst, oder zu viele »saure«, negative Gedanken hat, wird der Kalk aus seinen Knochen und Zähnen abtransportiert, weil der Körper für Ausgleich sorgen möchte. Der Boden reagiert mit seiner Auswaschung nicht anders.

Erntezeit in Gottes Garten

Jetzt ist Haupterntezeit in der Natur, sei es am Bach, auf der Wiese, am Wegesrand oder im Wald. Fülle pur! Erste Heilkräuterwanderungen können nun stattfinden.

Birke *(Betula)*: Die Blätter der Birke können nun gepflückt werden. Die Birke (siehe »Die Birke«, S. 58) ist die Frühlingsbotin. Ihre Blätter gelten als sehr sanftes, hochwirksames Durchspülungsmittel für die Nieren. Wenn Sie zwei bis drei Wochen lang täglich 2 l Birkenblättertee trinken, tun Sie Ihrem Körper etwas Gutes: Das darin enthaltende Vitamin C sowie die Flavonoide, Saponine, Salicylsäureverbindungen und Gerbstoffe schwemmen Verunreinigungen und Wasseransammlungen aus dem Körper, reinigen das Blut und bauen die Widerstandsfähigkeit auf. Da die Haut als dritte Niere bezeichnet wird, helfen Birkenblätter auch bei Hautproblemen und -allergien. Als Haarwasser können sie zudem bei Haarproblemen angewendet werden.

Brennnessel *(Urtica)*: Sie gilt als Liebespflanze und ist **eine der wichtigsten Heilpflanzen auf der Erde.** Sie wirkt blutreinigend bei Hautkrankheiten, blutstillend und -bildend. Sie stimuliert die Verdauungsdrüsen (in Magen, Darm, Leber und Galle), ist milchbildend, blutzuckersenkend und hat entgiftende und stoffwechselanregende Eigenschaften. Das Kraut, die Blätter und die Samen der

Wenn ihr an Nesseln
streifet, so
brennen sie;
Doch wenn ihr fest
sie greifet,
sie brennen nie.

So zwingt ihr die
Feinen,
auch die Gemeinen
Naturen nie.
Doch presst ihr
wacker wie
Nussaufknacker,
so zwingt
ihr sie.

Friedrich Rückert, deutscher Dichter (1788–1866)

Brennnessel enthalten viel Vitamin C, Vitamin A, Mineralsalze wie Kalium und Kalzium, Chlorophyll, Karotinoide und organische Säuren. Harry Potters Zaubertrank, aus Nesseln gebraut, soll bei Furunkeln helfen. Als »Urtikation« kann die Nessel bei Rheuma und Arthritis angewendet werden. Ihre Bezeichnung als »Donnernessel« ist eine Anspielung auf ihre Schutzwirkung gegen Blitzeinschläge. Warum die Brennnessel brennt, siehe S. 92.

Die **Brennnessel** beschäftigte schon viele Dichter und Denker. In Hans Christian Andersens Märchen *Die wilden Schwäne* muss die stumme Königin sieben Hemden aus Brennnesseln anfertigen, um ihre Brüder zu erlösen, und auch in Grimms Märchen *Jungfrau Maleen* spielt ein Brennnesselstrauch eine Rolle. Der französische Schriftsteller Victor Hugo (1802–1885) erzählt in seinem Roman *Les Miserables* von einem Mann, der in einem armen Dorf auftaucht und die Leute lehrt, die Brennnessel zu nutzen. Dies lässt sich darauf zurückführen, dass die Pflanze früher armen Leuten als Faserpflanze, Nahrungsmittel und Dünger für ihre Scholle diente. Und der deutsche Maler Albrecht Dürer (1471–1528) betrachtete die Brennnessel als eine »von Gott geschenkte Pflanze«, was

er in einem seiner Bilder zum Ausdruck brachte, auf dem ein Engel mit einer Brennnessel in der Hand zum Thron des Allmächtigen emporfliegt.

Buche *(Fagus silvatica):* Junge Buchenschösslinge, auch »Elefantenohren« genannt, stärken das Selbstwertgefühl.

Ehrenpreis *(Veronica officinalis):* Diese Pflanzengattung wird auch »Birds Eye« genannt und lindert juckende Hautprobleme, regt den Stoffwechsel an und hilft, Übergewicht abzubauen. Schon im Mittelalter bewies sie ihre Heilwirkung bei Pest und Aussatz.

Giersch *(Aegopodium podagraria):* Vielen Gartenbesitzern gilt der Giersch, auch »Dreiblatt« genannt, als lästiges Unkraut, weil es mit seinen Ausläufern so hartnäckig ist, dass es im Garten kaum zu bremsen ist. Dabei ist Giersch in der Volksheilkunde bei der Behandlung von Gicht und Rheuma sehr geschätzt. Der Name (griech. *aegopodium*) leitet sich aus den griechischen Wörtern für Ziege (= *aigeos*) und Füßchen (= *pous/podos*) her und verweist auf die heilsame Wirkung bei Gicht in den Füßen.

Leberblümchen *(Hepatica nobilis):* Sie helfen als getrocknetes Kraut in Form von Tee bei Leber- und Gallenleiden.

Löwenzahn *(Taraxacum officinale):* Es ist immer eine Augenweide, wenn ganze Wiesen, so weit das Auge blicken kann, durch den Löwenzahn in ein leuchtendes Gelb verwandelt werden. Der Vielheiler wirkt blutbildend, -reinigend, harntreibend, und seine Bitterstoffe stärken die Galle. In Salat oder als Löwenzahnhonig ist er sehr bekömmlich. Er ist zudem ein wahrer

Überlebenskünstler, so wie die Brennnessel, der Giersch und die Wegwarte. Löwenzahn tut aber nicht nur uns Menschen, sondern auch anderen Pflanzen gut. So wirkt er anregend auf das Bewurzelungsvermögen vieler Pflanzen und unterstützt zugleich deren Aufnahmefähigkeit von lebenswichtigen Aufbaustoffen. Dank der Kieselsäure und des Kaliums holt sich diese vitale Pflanze, die ursprünglich aus dem Hochgebirge stammt, mit ihrem kräftigen Wurzelstock (Erdung) Licht- und Wärmekräfte aus kosmischen Höhen. Und auch Tiere wissen um die Heilkraft dieser Pflanze: Katzen fressen Löwenzahn zur Darmreinigung.

Märzveilchen *(Viola odorata)*: Die Venuspflanze – lasse dich betören und beflügeln, wachse über dich hinaus! Sie ist eine Verwandte des Stiefmütterchens und eine alte Garten- und Heilpflanze. Um ihre medizinische Wirkung wussten bereits der griechische Arzt Hippokrates (460–334 v. Chr.), der römische Gelehrte Plinius (24–79 n. Chr.), die Hl. Hildegard u. a. Ihre Heilwirkung bei Bronchialkatarrhen und (Keuch-)Husten sowie als Gurgelmittel bei Angina beruht auf ihrem Gehalt an Salizylsäure und Saponinen. Die Wurzel ist in ihrer Wirkung mit der südamerikanischen Brechwurz *(Carapichea ipecacuanha)* vergleichbar. Sie hilft auch bei Gicht. wenn man sie in folgender Weise verwendet:

100 G WURZELN UND BLÄTTER,
IN 1 L ESSIG ZERDRÜCKEN, KOCHEN,
IN FORM EINER AUFLAGE VERWENDEN.

Märzveilchen
zur Gichtbehandlung

Echter Salbei *(Salvia officinalis):* Aufgrund seines Namens (lat. *salvare* = heilen) wird er auch als Allheilmittel bezeichnet. Er wird dem Kehlkopfchakra und dem Element Luft zugeordnet und stärkt die Funktion der Lungen, unterstützt die Verdauung und stärkt den Magen. Indem er das Verdauungsfeuer fördert, hilft er sogar dabei, Übergewicht abzubauen. Salbeitee ist in der Lage, die Schweißbildung zu hemmen, was besonders in der Pubertät, während der Wechseljahre und bei Nachtschweiß (oft durch falsches Essen am Abend hervorgerufen!) wichtig sein kann. Ein Fußbad mit Salbeitee hilft gegen Schweißfüße. Bei Diabetes wirkt er zusammen mit Schafgarbe und Birkenblättern unterstützend. Wie wertvoll dieser Tee ist, zeigt ein Blick in die Vergangenheit: Als Tee noch ein wertvolles Tauschmittel war, tauschten chinesische Händler gern die dreifache Menge ihres besten Tees gegen Salbei ein. Der italienische Maler und Naturphilosoph Leonardo da Vinci (1452–1519) beschreibt in seinem *Codex Atlanticus* das Verfahren des Naturselbstdrucks anhand eines illustrierten Abdrucks eines Salbeiblattes.

Weißer Salbei *(Salvia apiana):* Der weiße Salbei ist eine heilige Pflanze der Indianer und wird zum Räuchern und zur Reinigung der Aura und Atmosphäre verwendet. Er fördert Be-

UNTER ALLEN STAUDEN IST KAUM EIN GEWECHS ÜBER DIE SALBEY, DENN ES DIENET DEM ARZTET, KOCH, KELLER, ARMEN UND REICHEN.

Hieronymus Bock, deutscher Botaniker, Arzt und Prediger (1498–1554)

PFLANZE SALBEI IM MAI UND ER WIRD IMMER WACHSEN.
SALBEI ISST IM MAI, WER EWIG LEBEN WILL.
WO DER SALBEI GEDEIHT, IST EINE STARKE FRAU IM HAUS.
DAMIT SALBEI GUT GEDEIHT, BESCHNEIDE IHN AM KARFREITAG VOR SONNENAUFGANG.

Redensarten

wusstheit und Klarheit. Im Anschluss ist eine Räucherung mit Süßgras oder Beifuß zu empfehlen, damit gute Energien und Harmonie angezogen werden. Er wird der Venus und dem Element Erde zugeordnet.

Schlüsselblume *(Primula veris):* Die Hl. Hildegard bezeichnete sie als »Himmelsschlüssel«. Sie hilft bei Nervosität, Migräne, Herzschwäche, Gicht, Lähmung, Schlaganfall und der Wundbehandlung. Wohltuend ist sie auch als Altershustentee. Die Kelten und Germanen haben sie wahrscheinlich als berauschenden Trunk zu Kultzwecken bei Frühlingsfesten eingesetzt. In Sagen wird sie als Schlüssel für geheimnisvolle Keller oder Schatzkammern verwendet. Blühte eine Schlüsselblume zu Weihnachten, galt sie als besonders zauberkräftig.

Schöllkraut *(Chelidonium majus):* Es wirkt positiv auf Leber und Milz sowie bei Rheuma. Es kann auch zur Behandlung von Warzen eingesetzt werden. Hierbei wird der gelbe Pflanzensaft direkt auf die Warze geträufelt. Vorsicht: Verätzungsgefahr! Hervorzuheben ist auch ihr positiver Effekt, den Schöllkraut auf die Galle ausübt, das Organ des Willens und der bewussten Entscheidungen.

Weiße Taubnessel *(Lamium album):* Die Schwester der Brennnessel wächst von April bis Oktober. Doch im Gegensatz zur **Brennnessel** brennt sie nicht, da sie nicht die brennende Ameisensäure besitzt. Sie wird u.a. in der Frauenheilkunde, z.B. bei verstärktem Weißfluss, eingesetzt. Weitverbreitet ist die weißblühende, daneben gibt es aber noch die purpurrote Taubnessel mit roten und die Goldnessel mit goldgelben Blüten.

Waldmeister *(Galium odoratum):* Das Cumarin im Waldmeister ist Leberkraut und Herzfreund zugleich. Es hilft bei Nervosität und Venenschwäche.

Neun-Kräuter- oder Gründonnerstagssuppe

Im April finden sich so viele Kräuter im Garten – diese Reichhaltigkeit sollten Sie auch in der Küche nutzen. Wie wäre es daher mit einer Kräutersuppe, einer gesunden Köstlichkeit, die die Lebensgeister wieder in Schwung bringt?

9 Frühlingskräuter sammeln, gut waschen,
klein schneiden,
1 Zwiebel fein hacken,
in Butter oder Olivenöl andämpfen,
Kräuter dazugeben,
1 Tasse Griess (nach Geschmack) dazugeben,
mit Weisswein ablöschen,
mit Bouillon auffüllen,
auf kleinem Feuer köcheln lassen,
mit Creme fraiche verfeinern.

Rezept für Neun-Kräuter-Suppe

Die Kräuter können nach Belieben ausgewählt werden, z. B. Löwenzahn, Wiesenschaumkraut, Spitz- oder Breitwegerich, Bärlauch, Gundelrebe, Gänseblümchen, Giersch, Brennnessel, Knoblauchhederich, Scharbockskraut, Wiesenbärenklau, Hopfensprossen, Engelwurz, Barbarakraut, Beinwell, Brunnenkresse, Huflattich, Nelkenwurz, Rotklee, Sauerampfer, echtes Leimkraut, Taubnessel, Vogelmiere, Wegwarte, Weidenröschen, Wiesenbocksbart, Knöterich, Wiesenknopf …

Die Fichte

ZENTRIEREN: AUSGEGLICHENHEIT · BESCHEIDENHEIT · MUTTERBAUM · LEBENSBAUM

Die Fichte ist in unseren Breiten der häufigste Nadelbaum, doch kaum jemand weiß, dass sie bis zu 600 Jahre alt werden kann. Als Flachwurzler ist es erstaunlich, dass sie bis zu 60 m hoch wachsen kann. Selbst Schiffsmasten wurden aus Fichtenholz gebaut. Sie lindert Atembeschwerden, stärkt die Lungen – und haben wir genug Luft und Raum zum Atmen, empfinden wir innere Ruhe. Zu erkennen ist eine Fichte an ihren kurzen, spitzen Nadeln rund um den Zweig. Die hängenden Zapfen fallen als Ganzes herab. Ein Spaziergang im Fichtenwald wirkt durch die ätherischen Öle, die die Bäume abgeben, durchblutungsfördernd, nervenstärkend und lindert Atembeschwerden, indem die Lunge gestärkt wird, und sorgt für innere Ruhe. Für die Kelten galt die Tanne bzw. Fichte als schützender immerwährender Mutter- und Lebensbaum. Im alten Griechenland war sie Artemis geweiht, der vielbrüstigen Göttin der Fruchtbarkeit und der Jagd. Siehe auch »Erntezeit in Gottes Garten« im Mai, S. 94.)

Der April-Garten als Spiegel der Seele

Die Einweihung durch die Frühjahrstagundnachtgleiche liegt gerade hinter uns. Was für eine kraftvolle lichtdurchflutende Energie uns umgibt! Allüberall erwacht das unbändige Leben und die pure Lebensfreude. Neues Leben durchströmt die Erde. Und mit der Neumondin[13] erfahren wir in uns eine würdevolle Freiheit und Wahrhaftigkeit und sind bereit für Neuanfänge jeglicher Art. Wundervoll!

Die Laubenpieper sind fleißig am Brüten, die Fastenzeit bringt noch Reinigendes und Klärendes zum Ausdruck, und der Kräutergarten Gottes lädt ein zum Genuss, bittet zu Tisch!

Erlösung und Auferstehung nahen mit dem Osterfest ... Omne vivum ex ovo: »Alles Leben entsteht aus einem Ei« – sei es groß oder klein. Mystisch gesprochen stellt das Ei die Geburt Christi dar, seine Auferstehung aus dem Grab der Körperlichkeit. Bildlich gesprochen repräsentiert das Ei die Form der Aura, die jedes Lebewesen umgibt – einen Lufthauch, einen Energiekörper!

13 Der Mond steht für Weiblichkeit und unser Gefühlsleben, weshalb ich ihn als (Neu)mondin bezeichne.

Heilende Gärten im Mai

Stauden · Blumen · Rabatten

Viele Stauden wie **Bergenien, Gänsekresse, Lenzrose, Lungenkraut, Phlox** oder **Steinkraut**, die jetzt abgeblüht sind, werden nach der Blüte zurückgeschnitten oder auf eine Handbreit gekürzt und geteilt. Knollengewächse, wie die malerischen Dahlien, und Blumensamen können noch in die Erde gebracht bzw. direkt ausgesät werden. Das Umtopfen von Pflanzen sollte allerdings bald abgeschlossen sein, damit die Pflanzen ihre ganze Kraft im Wachstum bündeln können. Stützhilfen und Rankspaliere sind eine wahre Erleichterung für **Pfingstrosen, Strauchrosen, Clematis** u. a., damit sie nicht unter ihrer Blütenlast brechen oder kippen.

Der Obstgarten

Der »Junifall« bei Ostbäumen – wenn kleine Früchte herunterfallen – ist ein natürlicher Ausdünnungsprozess, damit sich der Baum im Ertrag nicht »übernimmt« oder in die Alternanz gerät.

Erinnern Sie sich: Bei älteren **Aprikosen** ist es am besten, diese erst im Juni zu schneiden. Dennoch sollten Sie immer individuell schauen, wie weit die Vegetation ist. Eierschalen in Aprikosen- und **Pfirsichbäume** gehängt, sind ein altbewährtes Mittel aus Frankreich, das bei der Kräuselkrankheit von Pfirsichen und Aprikosen, für die der Pilz *Taphrina deformans* verantwortlich ist, hilft. Zerstoßene Eierschalen in Tomatenerde gemischt, lassen **Tomaten** prächtig gedeihen. Warum dies funktioniert ist nicht bekannt. Probieren Sie es gleich in diesem Jahr aus! Bestens dafür geeignet sind die Spiralen, die im Winter für Meisenknödel verwendet werden.

Bei **Apfel-** und **Birnbäumen** werden jetzt nach innen wachsende Triebe und Wasserschosse zurückgeschnitten oder – noch besser – mit dem Ansatz herausgerissen, der sogenannte Juniriss. Junge Obstgehölze können jetzt »erzogen« werden, d. h., Triebe, die nicht senkrecht nach oben wachsen, können mit kleinen Gewichten oder einem Band in die Waagerechte gebracht werden, damit sie schon im nächsten Jahr Früchte tragen. In der Natur ist es so eingerichtet, dass ein schräger bzw. waagerechter Ansatz die Ausschüttung von Phytohormonen für die Fruchtknospenbildung (generative Phase) fördert, wohingegen ein vertikaler Ansatz das Blattwachstum (vegetative Phase) begünstigt. Bei Spalierobst werden zur Fruchtholzbildung die Seitentriebe der waagerecht wachsenden Fruchttriebe auf vier bis sechs Blätter zurückgeschnitten bzw. die Seitentriebe entspitzt.

Wenn die jungen Kirschen der **Kirschbäume** im Mai von grüner zu gelber Farbe wechseln, legen die Weibchen der Kirschfruchtfliege ein Ei in die Frucht, aus dem nach etwa einer Woche eine weiße, beinlose Larve schlüpft. Für Abhilfe sorgen hier Gelbtafeln (Pheromonfallen), die zum Abfangen der Weibchen auf der Südseite der Kirschbäume aufgehängt werden – am besten im äußeren Kronenbereich. Die Weibchen »fliegen« sozusagen auf die gelben Tafeln, weil sie von dem gelben Farbton und dem Lockstoff der Männchen (Pheromon) angelockt werden, und bleiben kleben. Die Gelbtafeln sollten zum Schutz der Nützlinge später aber wieder entfernt werden. Kleinkronige Bäume, Halbstämme oder Spindeln können zum Schutz vor Schädlingen mit einem engmaschigen Netz umhüllt werden.

Wildobst wie **Apfelbeeren, Felsenbirnen, Zieräpfel** und **Zierquitten** werden nach der Blüte ausgelichtet, sodass das Verhältnis zwischen Fruchttrieben und natürlichem Wuchscharakter erhalten bleibt.

Das Rückgrat des Gartens – Hecken und Sträucher

Formschöne Hecken mit **Buchsbaum, Eibe** oder **Prachtspiere** können in den nächsten Wochen in Form geschnitten werden. Alte, verholzte Zweige sollten Sie am besten mit einer Garten- oder Astschere vorher zurückschneiden, bevor die elektrische Heckenschere zum Einsatz kommt.

Sommergrüne Blütensträucher, zu denen **Flieder, Forsythie, Goldregen, Hibiskus, Sommerflieder** und **Weigelien** zählen, können jetzt ebenfalls geschnitten werden. Bitte sorgfältig schneiden: Zuerst das Totholz an der Basis entfernen und bei alten Zweigen direkt am Ansatz beginnen, damit die jungen Triebe eine Verjüngung bewirken können. Wenn möglich, immer Ableiten und die Wuchsrichtung im Auge behalten. Auch Hängekätzchenweiden oder Mandelbäumchen werden nach der Blüte kräftig gestutzt. Der **Echte Mandelbaum** darf jetzt nicht beschnitten werden!

Wer gern Gartenzimmer oder Räume für geborgte Landschaften einrichten möchte, pflanzt jetzt immergrüne Sträucher wie **Kirschlorbeer, Eiben** oder **Buchsbäume**. Gute Baumschulen bieten eine prächtige Auswahl an exzellenten Pflanzen im Container an. Achtsam sollten Sie aber wegen der Vogelbrutzeiten sein: Von März bis Oktober sind nur Formschnitte erlaubt!

»Von wegen Unkraut!« und andere Irrtümer

Da **Johannis-** und **Stachelbeeren** Flachwurzler sind, reagieren sie empfindlich auf das Jäten. Ich bin kein Freund von Unkrautvlies. Besser ist es, Häckselgut auszubringen, um den kahlen Boden vor dem Austrocknen zu schützen.

Erlaubt es die Zeit, so bietet sich ein regelmäßiger Gang durch den Garten an, um **Löwenzahn** auszustechen, junge **Brennnesseln, Melde, Franzosenkraut, Gänseblümchen** und **Hir-**

tentäschelkraut zu ernten und zu jäten, bevor sie Samen ansetzen. Diese Grünkraft weckt nicht nur alle Lebensgeister in der Küche, sie ist auch eine sinnvolle Rückgewinnung, denn Unkraut auf dem Kompost wird in gute Gartenerde verwandelt!

Unkräuter werden in der zeitgenössischen Pflanzenheilkunde häufig unterschätzt, dabei steckt bereits im Sprichwort **»Unkraut vergeht nicht«** der erste Hinweis auf die zu erwartenden Heilkräfte. Viele Kräuter, die dem Unkraut zugeordnet werden, sind ständige Begleiter unserer Zivilisation und sehr widerstandsfähig gegenüber allen Bemühungen, sie auszurotten. Hier ist v. a. das Hirtentäschel zu nennen, das über geradezu unglaubliche Regenerationskräfte verfügt, die aus der Art seiner Fortpflanzung resultieren. Die bekannteste Heilwirkung des Hirtentäschels ist seine blutstillende Wirkung, weswegen Hirtentäscheltee gern nach Geburten und bei starken Regelblutungen getrunken wird. Es reguliert den Blutdruck, fördert die Verdauung, heilt Ekzeme u. v. m.

Aber auch die Brennnessel ist in diesem Zusammenhang zu nennen. Ihre vitaminreichen Samen werden v. a. im Alpenraum von älteren Menschen als Tonikum reichlich genossen und in der Veterinärmedizin zu den Geheimmitteln der Pferdehändler gezählt, um sogenannten Schindmähren, alten Pferden, wieder zu glänzendem Fell und vollblütigen Gebärden zu verhelfen. Die Brennnessel ist eine besonders kriegerische Arzneipflanze: Bei einer Berührung injiziert sie Ameisensäure in die Haut, die bei uns zu Jucken und der typischen Quaddelbildung führt. Eine Pflanze, die sich derart gut gegen Mensch und Tier zu wehren weiß, muss einfach die Lebens- und Abwehrkraft stärken! So gehört sie auch zu den rituellen Pflanzen kolumbianischer Schamanen: Wenn die Seele eines Erkrankten während eines Heilrituals verloren zu gehen droht, wird er mit Nesseln abgerieben und so wieder geerdet – dies funktioniert, weil die Brennnessel wie das Leben ist. Sie trägt mit ihrem reich verzweigten Wurzelwerk tatkräftig dazu bei, dass aus Unrat fruchtbare und stickstoffreiche

Erde entsteht. Zudem zählt sie zu den Schutzpflanzen für Mensch und Haus und ist eine Stickstoffzeigerpflanze. Hobbygärtner kennen einen Sud aus Brennnesseln oder Brennnesseljauche, der als biologisches Spritzmittel Gartenpflanzen von Schädlingen befreit oder sie vor Pilzbefall schützt. Die Brennnessel ist ein Paradies für Schmetterlinge wie den Admiral, die Goldeule, den Kleinen Fuchs, das Pfauenauge und den Schönbär. Der österreichische Zoologe und »Vater der Graugänse« Konrad Lorenz (1903–1989) stellte die Brennnessel unter seinen Schutz seit er wusste, dass sie Nahrungspflanze des Tagpfauenauges ist, einem der schönsten Schmetterlinge überhaupt.

Bewundernswert zäh zeigt sich auch das **Knopf-** oder **Franzosenkraut** *(Galinsoga parviflora)*, das in fast allen Gärten und Ackerböden zu finden ist. Es gehört zu den wenigen Unkräutern, die sich sogar aus stark gespritzten

Maisfeldern nicht vertreiben lassen. Umweltgifte, die uns krank machen, stören dieses kleine vitale Pflänzchen anscheinend überhaupt nicht. Es gilt als Anzeiger für nährstoffreiche und sonnige Böden und zeichnet sich als Heilpflanze bei Krebsleiden aus.

Bei Blattlausbefall oder anderem »Besuch« ist immer das Immunsystem der Pflanzen zu stärken. Darauf sollten Sie Wert legen: Kaufen Sie gesunde Pflanzen aus guten Gärtnereien, gutes Saatgut und gute Gartenerde. Wählen Sie einen Standort, der den Ansprüchen der Pflanzen gerecht wird. Schauen Sie nach Pflanzengemeinschaften, die sich ergänzen! Es ist wie bei uns Menschen: Fühlen wir uns in unserer Umgebung wohl, fühlen wir uns geachtet und wertgeschätzt, schenken wir unserem Körper liebevolle Aufmerksamkeit.

ES IST SO EINFACH: SCHICKEN WIR LIEBE VORAUS, WIRD UNS LIEBE GESCHENKT!

Unter Nadelbäumen wie z.B. **Kiefern,** die sich auch in die Gruppe der Flachwurzler einreihen, können Pflanzen nicht wachsen, weil sie hier schlichtweg verdursten. Anders ist es bei der stolzen Eiche: Sie ist ein Tiefwurzler,

weswegen hier Schattenpflanzen wie **Bergenien, Dickmännchen, Elfenblumen** und **Funkien** überaus prächtig gedeihen können. Sie lieben das Spiel von Licht und Schatten. Gleiches gilt für die großartigen **Strauchpäonien.** Sie erleben gerade eine Renaissance. Bei ihnen ist es wichtig, dass sie auf neutralen bis leicht sauren Böden stehen und viel Platz haben, da sie breit wachsen. Hitze ertragen sie ungern. Beachten Sie die ganz individuellen Standortansprüche.

Ein interessantes Thema sind invasive Neophyten aus fernen Ländern. Dazu zählen der **Japanische Riesenknöterich,** die **Herkulesstaude,** die spätblühende **Traubenkirsche** oder das **Indische Springkraut** und die **Balsaminen,** die sich in Wäldern, an Bachläufen und Parks neue Territorien »erobern«. Sie sind zwar schön anzuschauen, doch können sie zu einem echten Problem werden, da sie die Vegetation einfach überwuchern und es kaum etwas gibt, was sie stoppen könnte. **Sie führen uns vor Augen, dass wir die Grenzen der Globalisierung, das Maß eines natürlichen und gesunden Wachstums längst überschritten haben.** Wir schauen ungern hin, sind doch Brillen auch bei Kleinkindern sehr in Mode gekommen …

Erntezeit in Gottes Garten

Eiche *(Quercus):* Der König der Bäume, die Königin des Waldes. Ihre Rinde ist als Umschlag ein Heilmittel bei Entzündungen und Blutungen. Diese heilsame Wirkung kann sie aber auch als Bad entfalten:

500 g Eichenrinde in 4 bis 5 l Wasser geben,
15 bis 20 Min. auskochen,
abgiessen und die Flüssigkeit zum
Badewasser geben.

Eichenrindenbad

Eicheln waren ein Ersatz für Kaffee und Mehl. Die entsprechende Bachblüte heißt »Oak«. Eichen wachsen gern auf Kreuzungen von Wasseradern. Die Kelten verbanden mit ihnen die Kraft, das wahre Selbst zu leben. Diese in jedem schlummernde Kraft kann durch die Eiche aktiviert werden. Unser Herz soll singen, wo immer wir sind.

Fichte *(Picea abies):* Die Triebe der Fichte helfen bei Husten, Erkältungen, Bronchitis und als Franzbranntwein bei Durchblutungsstörungen. Es werden die jungen, zarten, hellgrünen Triebe der Rottanne gezupft, aus denen dann der Fichtensirup hergestellt wird. Dabei gilt: immer nur seitliche Triebspitzen und nie die des Haupttriebes sammeln. Auch sollten nicht zu viele gesammelt werden, damit es nicht zu einem Krüppelwuchs kommt. Wenn es Ihnen schwerfällt, die Fichte von einer Tanne zu unterscheiden, achten Sie auf die Zapfen: Fichtenzapfen hängen im reifen Zustand nach unten, Tannenzapfen stehen aufrecht. Alle Zapfen, die auf dem Waldweg herumliegen, gehören zur Fichte, denn nur sie werden im Ganzen abgeworfen. Bei der Tanne zerfallen die Zapfen am Baum und fallen in kleinen Teilen zu Boden. Zudem gilt: Die Fichte sticht, die Tanne nicht (siehe auch »Die Fichte«, S. 86.)

Gundermann *(Glechoma hederacea)*: Eine wertvolle Bereicherung für jede Hausapotheke und Küche ist der Gundermann, auch »Gundelrebe« genannt. Er regt die Blase und die Nieren an, wirkt hautstraffend, kann als Körperöl bei verschiedenen Problemzonen angewendet werden und gehört in die Neun-Kräuter-Suppe (siehe S. 85).

Hirtentäschel *(Capsella bursa-pastoris)*: Es erinnert im Geschmack an Rucola. Die Herzsamen wirken als Tee blutdruckregulierend, verdauungsfördernd und heilsam auf Ekzeme, Krampfadern, Hämorrhoiden, das Herz und bei Gicht.

Labkraut *(Galium verum):* Dieses Kraut findet Verwendung bei Hautleiden, Flechten und Ekzemen. Es ist zudem gut fürs Verdauungssystem. Die Früchte wurden früher als Gerinnungsmittel bei der Käseherstellung und als

Kaffeeersatz genutzt. Kränze aus Labkraut sowie das Kletten-Labkraut werden bei Störfeldern eingesetzt.

Lungenkraut *(Pulmonaria officinalis):* Wie der Name schon sagt, hilft dieses Kraut der Lunge, v.a. durch seinen hohen Gehalt an Kieselsäure. Es lindert Darmentzündungen und Durchfall. Aufgrund seines hohen Gehalts an Allantoin kann es ähnlich wie die Beinwellsalbe bei andauernden Gelenk- und Muskelschmerzen, Arthrosen, stumpfen Verletzungen oder bei Entzündungen angewendet werden.

Maiglöckchen *(Convallaria majalis):* Sie sind ein Symbol der reinen Liebe. Ihre herzstärkende Wirkung ist von alters her bekannt. Ihr Duft »bricht das Eis des Winters und der Herzen«, so der deutsche Dichter Heinrich Heine (1797–1856). Ihre Bezeichnung als »Frauen- oder Marientränen« rührt daher, dass das Maiglöckchen dort entstanden sein soll, wo Maria neben dem Kreuz ihre Tränen vergossen hat.

Salomonssiegel *(Polygonatum odoratum):* Diese krautige Pflanze ist auch als Weißwurz bekannt. Der Wurzelstock kann bei Rheuma, Gicht, Herzschwäche und Diabetes angewendet werden. Ihm werden magische Fähigkeiten zugesprochen, so soll er z.B. verschlossene Türen öffnen können. Aber Vorsicht: Die Beeren sind giftig!

Spitzwegerich *(Plantago lanceolata):* Er ist ein wichtiges Hustenmittel, wird aber auch zur Wundheilung eingesetzt. Bei Verletzungen in der freien Natur

SIE TANZTE DEN TANZ DER FLAMMEN UND DES FEUERS,
UND DEN TANZ DER SCHWERTER UND SPEERE;
SIE TANZTE DEN TANZ DER STERNE UND DEN TANZ DES
WELTALLS, UND DANN TANZTE SIE DEN TANZ DER
BLUMEN IM WIND.

Khalil Gibran (1883–1931), libanesisch-amerikanischer Maler, Philosoph und Dichter

kann er ein natürliches Pflaster sein, indem die Spitzwegerichblätter zerkaut auf die Wunde gelegt und mit einem unzerkauten Blatt bedeckt werden.

Taubnessel *(Lamium album):* Die weiße Taubnessel (siehe auch S. 84) findet ihre Anwendung als Tee bei Frauenleiden, z.B. bei Weißfluss und in den Wechseljahren. **Misteln** und Taubnesseln gelten als allwissende Großeltern in der Pflanzenwelt. Misteln wachsen in Bäumen und helfen ihnen, indem sie für sie schädliche Energien transformieren.

Waldsauerklee *(Oxalis acetosella):* Er kann als Salat gegessen werden, seine Blüten und Früchte kann man aber auch einlegen. Er wurde früher zur Behandlung von Skorbut eingesetzt und ist immer noch ein homöopathisches Mittel bei Stoffwechselschwäche, Verdauungsstörungen, Erkrankungen der Leber und Galle sowie Neigungen zu Steinbildung. Der dreiblättrige Klee ist das inoffizielle Nationalsymbol Irlands.

Wermut *(Artemisia absinthium):* Er gehört zu den wichtigsten Bitterkräutern und stärkt die Verdauung. Vorsicht bei Langzeitgebrauch: Das Absinthgetränk wirkt in hoher Dosierung sinnverwirrend. Es ist ein Kraut der Transformation und schafft Raum für Neues.

Wurmfarn *(Dryopteris filix-mas):* Er galt in der Volksmedizin als Bandwurmmittel. Eine Tinktur aus der Wurzel half bei Ischias, Rheuma und Gicht. Doch Vorsicht, er ist giftig! Heute kann man auf Farnkraut Obst und Gemüse lagern oder Käse und Quark in Farnwedel wickeln, da sie so länger frisch bleiben. Der Wurmfarn steht für den Neuanfang.

Der Mai-Garten als Spiegel der Seele

Dieser Monat möchte sich ganz der Wonne hingeben. Die gesamte Schönheit von Mutter Erde breitet sich vor uns aus! Mit dem Holz des Frühlings machen wir Feuer. Jetzt wird der Wechsel vom Element Holz zum Element Feuer vorbereitet. Im Frühjahr haben wir dafür die Samen gelegt und das Jahr geplant. Nun bereiten wir den Boden für den Samen, damit er optimal keimen und wachsen kann: Es wird gesät, gedüngt, gehegt – in Vorfeude auf eine reichhaltige Ernte im Herbst.

Die Feuerkraft ist aufwärts, aus den Tiefen der Erde in den Himmel gerichtet, entgegen der Gravitation auf der Erde. Ein Wunder, wie sich alles dem Licht hingibt! Aus dem Schoß von Mutter Erde – dem weiblichen Prinzip, der Hingabe –, geht sie in den Himmel – der dem männlichen Prinzip, dem Wandel und der Veränderung zugeordnet ist. Das Weibliche wird mit dem Männlichen vermählt. Wir fühlen Freude und Verliebtheit in uns aufkommen, möchten das Leben umarmen, möchten singen, tanzen, lachen – bewusst die Schöpfung spüren. Nicht umsonst sind wir gerade erst in diesen Monat hineingetanzt.

Der Mai trägt die Zahl Fünf, die Zahl des Menschen, der mit ausgestreckten Armen und Beinen ein Fünfeck bildet

(Leonardo Da Vinci: Der vitruvianische Mensch). Die fünf Finger bildeten den ersten Rechenmechanismus. Die fünf Sinne, die Pyramide mit ihren fünf Ecken und fünf Flächen, das Pentagramm, die fünf Bücher Mose ...

Die »Kerzen« in den Kastanienbäumen verkünden, dass die Gartensaison voll im Gange ist. Die Obstbäume tragen erste kleine Früchte, die Fliederblüte zeigt uns ihr schönstes Kleid, ebenso die zauberhaften Pfingstrosen, die jetzt auch in klimatisch kühleren Gefilden aufblühen. Die aktuell regnerisch-kalten Temperaturen deuten auf die Eisheiligen hin – Mamertus, Pankratius, Servatius, Bonifatius und die Kalte Sophie (15. Mai). Wenn dann die weißen Holunderblütenrispen ihren unverwechselbaren Duft verströmen, ja, dann ist der Sommer vollends ins Land gezogen.

Eine andere Deutung des Wonnemonats ist die als Weidemonat, die Karl der Große im 8. Jahrhundert eingeführt hat. Es ist die Zeit, in der die Kühe auf die Weide gebracht werden. Nun gibt es viel zu tun, aber das schöne Wetter bietet Gartenliebhabern die allerbesten Voraussetzungen, Neues, Kreatives, Köstliches, Sinnliches – Garten(t)räume für die Seele zu erschaffen.

Sommer

Der Kirschbaum

ANMUT · REINHEIT · FREUDE · FRUCHTBARKEIT · GEBURT

Der Kirschbaum wird von alters her als ein Baum der Feen und Elfen beschrieben. Es heißt: **Wer hellsichtig ist, sieht die Feen und Elfen manchmal im Mondschein um die Bäume tanzen.** Da die Kirsche im Zeichen des Mondes steht, wird sie als Mondbaum und als Baum der Weiblichkeit bezeichnet. Der Kirschbaum steht für Vergänglichkeit, Wiedergeburt, Reinheit und Unschuld. In Japan ist die Kirsche ebenfalls ein Symbol für Reinheit und wird von alters her verehrt.

Gut zu wissen: Das saftige Fruchtfleisch der Kirsche fördert die Verdauung, regt den Appetit an, hilft beim Abnehmen und vermag eine schlaffe Haut auf natürliche Weise zu straffen. Kirschen bringen uns Fröhlichkeit und stärken Herz und Kreislauf.

Der Kirschbaum hilft uns, alte Verletzungen zu vergessen und Schuldgefühle zu wandeln. Wir sind heil und dürfen an eine glückliche Zweisamkeit glauben. Die Kirsche ist rot und saftig. Sie ist Erotik pur und durch ihre Sinnlichkeit zugleich so verletzlich. **Im Inneren trägt sie Samen – und jeder Samen trägt ein ganzes Universum!**

Tränen sind ein Bild unserer Ur-Sprache,
so fliessend im Übergang wie unser Erden-
gefäss von einem Lebenszeitalter zum nächs-
ten, so grundlegend wie die Nahrung,
die unsere Seele nährt,
und so wichtig für unser Erwachen im Jetzt.
Es ist, als ob jede Träne, die wir vor Freude
oder im Schmerz vergiessen,
unseren Mikrokosmos an kollektiven
menschlichen Erfahrungen speist –
ist doch jede Träne ein Tropfen im Meer der
Weltenmeere. Tränen heil(ig)en alte Wunden,
und Tränen lassen ein liebendes Herz vor
Freude Purzelbäume schlagen …

Wenn das Feuer in dir im Gleichgewicht ist,
wird der Sommer dir mit Freude und Erfüllung
danken. Wir kommen und wir gehen,
doch die Liebe bleibt!

Du bist der Gärtner, du bist die Gärtnerin in
deinem Garten. Alles ist …

Heilende Gärten
im Juni

Es ist Frühsommer!

Alles ist im Überfluss da, direkt vor unseren Augen: Schauen Sie die Blüten der **Pfingstrosen** an, die ihren betörenden Liebesduft verströmen, oder die bezaubernden **Clematis,** die kahle Wände und Pergolen berankend in prächtige Blütenmeere verwandeln? Riechen Sie köstlich duftende **Erdbeeren** und die himmlischen **Himbeeren,** die zum puren Genuss verführen? **Öffnen Sie sich der Natur!** Das erste Heu ist eingefahren, die Gärten erblühen in vollster Pracht und sind reich an frischem Obst und Gemüse – die eigenen Kapazitäten bei Weitem übersteigend. Warme Juniabende laden ein zum Feiern und fröhlichen Beisammensein. Wir können noch bis spätabends im Hellen sitzen, denn bis zur Sommersonnenwende am 21. Juni sind es die längsten Tage im Jahr.

Der Garten ist so grün wie nie!

Der Frühjahrsflor hat dem Sommerflor den Vorrang gegeben. Der Gartenliebhaber steht nun vor der Herausforderung, seinen Garten so zu gestalten, dass sich das magische Farbenspiel an Blüten, Formen und gestalterischen Akzenten über den Sommer trägt. Dabei gilt: **Die Grundlage eines**

pflegeleichten Gartens ist das harmonische Zusammenspiel von Mensch und Natur sowie das intuitive Wissen um die Naturgesetze. Alles andere ist künstlich und meist aufwendiger. Jetzt haben die meist einjährigen Beet- und Balkonpflanzen ihre Hochzeit und können direkt aus der Kinderstube ins Freie gepflanzt oder ins Freiland ausgesät werden. Die Monate Juli und August zählen gestalterisch zu den anspruchsvollen Monaten, da die Rosen ihren Hauptflor getragen haben und bis auf Lavendel, Katzenminze, Thymian und Co. wenig Stauden und Ziergehölze in der Sommerhitze blühen. Aber das aus gutem Grund: Sie brauchen das kühle Nass, um sich zu erfrischen, um zu blühen und zu gedeihen. **Die Natur sorgt einfach vor.**

Stauden · Blumen · Rabatten

Mitte Juni ist die ideale Zeit für die Aussaat von zweijährigen Blütenpflanzen. Dazu zählen Frühjahrsblüher wie **Primeln, Goldlack, Stiefmütterchen, Tausendschön** und **Vergissmeinnicht** und Sommerblüher wie **Bartnelken** und **Marienglockenblumen. Fingerhut, Akelei** und **Stockrosen** zählen ebenfalls dazu, können aber unter guten Bedingungen durchaus mehrjährig blühen. Akeleien sind dafür bekannt, dass sie gern durch den Garten »turnen«. Einhalt gebietet diesen vitalen Sämlingspflanzen das Abschneiden der halbreifen Samenstände, damit sie sich nicht durch Selbstaussaat unbändig ausbreiten und die Edelsorten bleiben. Wenn die Sonne den Boden vollständig erwärmt hat, schieben die Gräser ihre Halme aus dem Boden. Zu groß gewordene oder alte Horste können jetzt aus dem Boden genommen und mit dem Spaten in Stücke geteilt werden. Der ideale Zeitpunkt für das Teilen, Ausgraben und Verpflanzen ist, wenn sie eine Höhe um die 10 cm erreicht haben.

Der Obstgarten

Wie auch im Mai ist jetzt die Zeit des Juni- oder Sommerrisses: Hier werden die noch krautigen einjährigen Triebe mitsamt der schlafenden Augen herausgerissen. Der Austrieb im nächsten Jahr wird deutlich schwächer. Besonders kopflastige Kronenbereiche stark wachsender **Apfel-** und **Birnensorten** können so bestens reguliert werden. Machen Sie sich keine Sorgen bei dem plötzlichen Fruchtfall von Birnen- und Apfelbäumen im Juni: Dies ist ein natürlicher Ausdünnungsprozess, der im Erwerbsobstbau zusätzlich durch Ausbrechen bei zu vielen Früchten durchgeführt wird. Die Früchte am Baum werden dadurch größer und aromatischer. Der Alternanz wird entgegengewirkt.

Das Rückgrat des Gartens – Hecken und Sträucher

Jetzt ist die Zeit des Formschnitts für Hecken und Lustgärten. Bis zum 24. Juni (Johannistag) können Hecken und Formgehölze geschnitten und modelliert werden, da viele Gehölze ihren ersten Jahrestrieb abgeschlossen haben und die Vogelbrut ihre Nester bereits verlassen hat. Nach diesem Rückschnitt treiben sie mit dem zweiten, dem sogenannten Johannistrieb noch einmal aus. Immergrüne großblättrige Gehölze wie **Kirschlorbeer** und **Ilex** werden am besten mit einer Hand-Heckenschere geschnitten. Elektrische Scheren hinterlassen oft große Blattschäden. Wer einmal im Jahr seine Hecke formiert, sollte dies ebenfalls im Juni machen. Wenn Hecken verkahlen, bewirken Verjüngungsschnitte in dieser wachstumsstarken Zeit, dass sich kahle Stellen schnell wieder schließen.

Jetzt können Ziersträucher durch Stecklinge vermehrt werden. Beim **Buchsbaum** und beim **Liguster** verwenden Sie am besten Stecklinge von leicht verholzten einjährigen Trieben. Machen Sie 5 bis 10 cm lange Abschnitte, und entfernen Sie die Blätter im unteren Drittel. Anschließend stecken Sie diese in

Anzuchterde, gießen sie gut an und decken sie mit Folie ab. Die Bewurzelungsdauer liegt beim Liguster bei knapp drei Wochen, die vom Buchsbaum kann bis zu einem halben Jahr betragen. Auch Blütensträucher wie **Duftjasmin** und **Kolkwitzien** können jetzt durch Stecklinge vermehrt werden.

Die meisten Kletterpflanzen zeigen sich dankbar, wenn Sie Ihnen eine Kletterhilfe schaffen. So verflechten sie sich nicht unnötig und wachsen in die gewünschte Richtung.

»Von wegen Unkraut!« und andere Irrtümer

Giersch lässt sich nur schwer aus dem Garten bitten, doch vergessen Sie nicht: Er hilft vorzüglich bei Gicht und Rheuma (siehe S. 81)! Ein regelmäßiges Jäten hält ihn im Zaum. Wichtig: Lassen Sie die Pflanze nicht zur Blüte und zum Versamen kommen, da sie sich sonst noch weiter ausbreiten würde. Hilfreich kann das Beschatten mit Kapuzinerkresse sein.

Gegen Grauschimmel und Mehltau hilft ein Sud aus **Knoblauch:**

50 G FRISCHE KNOBLAUCHZEHEN ZERKLEINERN, AUF 1 L WASSER FÜR 10 TAGE ANSETZEN, ABSIEBEN UND IM VERHÄLTNIS 1:10 MIT WASSER VERDÜNNEN, MIT EINER GARTENSPRITZE AUSBRINGEN.

Knoblauch-Sud gegen Grauschimmel und Mehltau

Es gilt: Jeglicher Einsatz von Brühen, Jauchen oder Tees gegen Pilze und andere »Blattvertilger« ist in der Anwendung regelmäßig zu wiederholen und kann immer nur vorbeugend sein.

RASEN Des Deutschen liebstes Kind ist ein schöner, gepflegter Rasen. Doch wohin mit dem vielen Grasschnitt? Die Recyclinghöfe nehmen ihn meist nicht an, und hinter der Gartenhecke versteckt, modert er vor sich hin und fängt an zu faulen. Mulchrasenmäher sind eine praktikable Lösung im öffentlichen Grün: Hier bleibt das Schnittgut nach dem Mähen auf der Rasenfläche liegen, das zuvor mittels eines zweiten Schnittwerkes feiner zerkleinert wurde als im konventionellen Rasenmäher. Eine Alternative ist das Kompostieren des frischen Grases mit trockenem Stroh oder Schreddergut vom Frühjahrsschnitt.

GEMÜSEGARTEN In Gemüsegärten mit Kopf- und Pflücksalat wird bei Schneckenalarm gern **Kerbel** als Beetumrandung ausgesät. Im Frühling braucht das Würzkraut einen Sonnenplatz und im Sommer verzögert ein halbschattiges Plätzchen die Blütenbildung. Alternativ können junge Kerbeltriebe bei jeder Ernte kräftig zurückgeschnitten werden. Folgesaaten sollten bis Anfang September im Rhythmus von vier Wochen erfolgen. Kerbel verträgt sich nicht mit **Kresse, Koriander, Petersilie** und **Rucola.**

Natürliche Schneckenbarrieren

Ein weiteres Mittel gegen Schnecken sind die Indischen Laufenten, die jene zu ihrer Lieblingsspeise erkoren haben – wären da nur nicht diese »Tretminen« im Garten! Und wer kann sich schon Enten im Garten halten? Bei Igeln, Kröten, Salamandern und Vögeln stehen Schnecken zwar ebenfalls auf dem Speiseplan, doch können Sie Ihre Pflanzen auch selbst gegen Schnecken schützen: Gesteinsmehl, Sägespäne und Tannenzapfen bilden eine ganz natürliche Barriere für Schnecken. So gar nicht mögen Schnecken Astern, Anemonen, Astilben, Bartfaden, Dachwurze, Eisenhut, Farne, Sedum-Arten wie die Fetthenne, Fleißige Lieschen, Frauenmantel, Gartennelken, Goldrute, Storchschnabel, Veronica-Arten und Wicken. Kräuter wie Currykraut, Fenchel, Kapuzinerkresse, Lavendel, Salbei, Thymian und Ysop bleiben ebenso verschont wie Lauch und Tomaten.

Erntezeit in Gottes Garten

Holunder *(Sambucus nigra)*: Er blüht von Mai bis Juni. Eine Volksweisheit lautet: **»Ein Holunder im Garten ist so wertvoll wie eine ganze Apotheke.«** Der Holunder ist von alters her ein mystischer Baum, ein Tor zwischen den Welten, und wurde als mächtiger Schutzbaum verehrt. In der nordischen Mythologie wird er mit Frau Holle in Verbindung gebracht. Der aus seinen Beeren gewonnene »Elfenwein« soll Naturwesen erscheinen lassen. Wo der Baum steht, bleiben Mücken fern. Er symbolisiert den Fortbestand und den Kreislauf des Lebens. Im Frühjahr beschenkt er uns mit herrlich duftenden Blütendolden – als Sekt oder Küchlein ein Genuss –, und in den Wintermonaten, in der Zeit der Innenschau, ist es sein wärmender Saft. Der Holunder hat eine enorm große Heilwirkung auf den Menschen, weswegen in der Volksmedizin und Pflanzenheilkunde seine Blüten und Früchte vielfach Verwendung finden, sei es in Form einer Schwitzkur bei Fieber oder einer Erkältung, sei es als Tee bei Magenbeschwerden, sei es als Radikalenfänger im Körper oder als Reiniger des Herz-Kreislaufsystems.

Pfingstrose *(Paeonia)*: Das liebende Herz in den Alltag einbringen. Die chinesische Gartenkunst kultiviert die Pfingstrose seit mehr als tausend Jahren. In Europa ist sie seit der Antike als wichtige Pflanze bekannt, um Krankheiten zu heilen, die dem Einfluss des Mondes zugeschrieben werden. Als Gartenpflanze nimmt sie daher eine wichtige Rolle ein. Früher fehlte sie in keinem Bauerngarten. Schon der griechische Arzt Pedanios Dioscurides

(1. Jahrhundert) nutzte die Pfingstrose bei Frauenleiden und Blasen- und Nierenschmerzen. Dafür und als wirksames Mittel gegen Gicht wurde sie im Mittelalter genutzt. Als »Rose ohne Dornen« ist sie ein Mariensymbol und stand im Christentum für Reichtum, Heilung und die Schönheit des Weiblichen. Sie ist aber auch ein Symbol für Pfingsten.

Die Esche

WELTENBAUM · FREIHEIT · MACHT DER WEISHEIT · INTUITION

Die Esche kann bis zu 40 m hoch und 250 Jahre alt werden. Ihre Blätter und Samen haben vielfältige Heilwirkungen, v. a. auf typische Zivilisationskrankheiten wie Diabetes, Gicht und Rheuma. Eschen sind häufig in der Nähe von Festungen und Denkmälern zu finden, da ihr Holz für Kriegswaffen genutzt wurde. Dazu passt, dass die Esche in früheren Zeiten ein Symbol dafür war, **die persönliche Freiheit zu finden, zu verteidigen und zu erhalten.**

Die Esche wird als Weltenbaum hochverehrt, als Mittler zwischen den drei Welten – der Unterwelt, der Erde und dem Himmel –, als ältestes Symbol der Einheit von Mensch und Natur, als

WIR TANZEN –
LACHEN –
ERWACHEN – WIR SIND
VOLLKOMMEN.

HERZLICH
WILLKOMMEN,
DU SCHÖNE
SOMMERZEIT!

Baum des Lebens. Eine altgermanische Sage erzählt davon, dass der Mann aus der Esche und die Frau aus der Erle entstanden seien. Bei den Nordvölkern verkörpert sie als Yggdrasil, Weltesche, das gesamte Universum. Sie ist mit dem Göttervater Odin, dem Reiter des Zauberschimmels Sleipnir, verbunden. Yggdrasil – Rose Odins oder Träger des ICHS. Die Ziege Heidrun frisst die Blätter der Esche und ernährt mit ihrer Milch Odins Krieger. Vier Hirsche laufen an den Zweigen der Esche umher und beißen die Knospen ab. Sie heißen Dain, Dwalin, Dunneyr, Durathror. In der griechischen Antike war die Esche der Sonne und dem Meeresgott Poseidon geweiht. So trägt sie die Kraft der Sonne in sich und herrscht über das Wasser, weswegen sie Verwendung im Bootsbau fand. Auch die keltischen Druiden wussten um ihren Einfluss auf das Wasser und nahmen den Eschenstab für ihre Meeres- und Regenrituale. Im keltischen Baumalphabet steht sie für den Buchstaben Nion und symbolisiert die Vereinigung von Licht und Wasser bei der Wiedergeburt.

Der Juni-Garten als Spiegel der Seele

Mit den Schwalben ist im Mai der Sommer eingekehrt. Lassen wir unser Herz sprechen! Unsere Persönlichkeit manifestiert sich über unser Herz (Element Feuer) und unsere Nieren (Element Wasser). »Auf Herz und Nieren prüfen« ist ein dafür bekanntes Sprichwort. Doch seien Sie gnädig – mit anderen und mit sich selbst: Egal, ob Sie eine Träne der Freude oder eine Träne des Schmerzes vergießen, es sind immer Tränen Ihrer Liebe. Ehren Sie gleichermaßen den kleinen Jungen und das kleine Mädchen in sich, dann hört die Suche (Sucht!) im Außen auf, und Sie werden ankommen, emporgehoben werden, erwachsen, erwachen …

Der Sommer beginnt, und mit der Sommersonnenwende feiern wir den längsten Tag und die kürzeste Nacht des Jahres (siehe S. 36). Ein Fest des Dankes und der Freude. Der passende Tanz zur Sommersonnenwende ist der Spiraltanz. Noch besser wäre es aber, ihn als »Wirbeltanz« zu bezeichnen. Bei diesem Tanz bewegen wir uns spiralförmig zum Mittelpunkt hin und wieder heraus. In der Mitte erfolgt für jeden Tänzer ein kurzes Innehalten, dann ein bewusstes Umdrehen und anschließend das Heraustanzen aus der Spirale. Die Spirale zählt wie das Labyrinth zu den ältesten Symbolen der Menschheit. Sie ist immer in Bewegung, sie dreht sich, wirbelt und tanzt, nähert und entfernt sich wieder. Alles Statische ist ihr fremd. Als Symbol der Veränderung bringt sie versteinerte Verhältnisse in Bewegung. Vieles in der Natur ist spiralförmig strukturiert: Das Universum besteht aus Spiralnebeln und Galaxien, in Schnecken und Muscheln entdecken wir Spiralen, ebenso in Tannenzapfen und Sonnenblumen. Das dritte Auge und die Zirbeldrüse haben die gleiche Form. Im Wasser ist es der Wasserstrudel, und auch die Luft bewegt sich gern in Spiralen – gut zu sehen, wenn sich ein Wirbelsturm bildet. In der menschlichen DNS finden wir sie in Form einer Doppelspirale. Überall, wo Spiralen auftauchen, werden sie mit der Schöpfungsgeschichte und der Entstehung der Welt in Verbindung gebracht. Wo Spiralen sind, gibt es keinen Stillstand. Sie symbolisieren die Unendlichkeit.

Spiralen stehen für den Weg zu einem selbst oder zum Sinn des Lebens. Es ist der Weg hinein und wieder heraus. In der Mitte liegt der Wendepunkt. Altes abgebend bereit sein für die Umkehr, in das Neue hinein. Die rechtsdrehende Spirale ist das Zeichen der Schöpfung: Von einem Punkt ausgehend breitet sich alles nach außen hin aus. Die linksdrehende Spirale ist das Zeichen der Rückkehr zur Einheit, denn von außen führt der Weg zurück zur Mitte, ins Innere hinein, zu sich selbst. Die Spirale symbolisiert so die innere Umkehr des Menschen, seine geistige und körperliche Erneuerung.

Heilende Gärten im Juli

Sommerzeit

Mit der Sommersonnenwende kehrt auch die Sommerpause ein. **Alles, was im Frühjahr als Samen in die Erde gelegt wurde, darf nun in Ruhe wachsen, blühen und gedeihen. Alles darf aus der Fülle geerntet und genossen werden.** Ein Gärtner möchte jede freie Minute im Garten verbringen, und die Sonnenkinder unter uns wollen jeden Sonnenstrahl im Freien einfangen und sich einfach nur entspannen! Doch es gibt auch einiges zu tun.

Stauden · Blumen · Rabatten

Damit Stauden wie **Frauenmantel, Katzenminze, Pfeifenstrauch, Rittersporn** und **Salbei** im Spätsommer ein zweites Mal erblühen, sollten Sie sie gleich nach der Blüte kräftig zurückschneiden, nochmals düngen und großzügig wässern. Sommerzwiebeln wie **Gladiolen** und andere sommerblühende Zwiebel- und Knollenpflanzen, z.B. **Dahlien** und **Lilien,** sollten Sie Anfang Juli düngen. Gleichzeitig können Stauden an nicht zu heißen Sommertagen modelliert werden, damit sie andere Stauden nicht bedrängen. Gleiches gilt für Bodendecker wie **Efeu** und **Pachysandra.** Alles, was zu viel ist, kann jetzt maßvoll und mit Bedacht zurückgeschnitten werden. Mehrjährige Kräuter wie **Lavendel, Oregano, Rosmarin, Salbei** oder **Thymian** können durch Stecklinge vermehrt werden.

Der Obstgarten

Mit dem Johanni- oder Sommerschnitt werden an **Apfelbäumen** ganze Triebe bis auf den Astring entfernt. Dadurch können bei stark wachsenden Sorten das Wurzelwachstum gebremst und die Triebbildung deutlich reduziert werden. Beim Sommerriss hingegen werden ab dem Johannitag und bis Ende Juli hauptsächlich die noch krautigen Wasserschosse gerissen. Beide Maßnahmen erleichtern später den Winterschnitt.

Brombeeren überwuchern gern mit ihrem starken Wachstum, weswegen ab Ende Juli die Seitentriebe der diesjährigen Ranken auf zwei bis drei Augen eingekürzt und überzählige Ranken entfernt werden sollten. Bei **Himbeeren** wird die Rute, sobald sie abgeerntet ist, an der Basis, also knapp unter der Bodenoberfläche, gekappt. Dies kräftigt die Pflanze und lässt einen guten Ertrag im Folgejahr erwarten. Die Regel lautet: zehn Ruten pro laufenden Meter belassen (siehe S. 77). Ausnahme: die zweimal tragenden Himbeersorten, die

im Herbst erneut Früchte ansetzen. **Johannis-** und **Stachelbeeren** sind jetzt abgeerntet. Die abgetragenen Triebe, die älter als vier bis fünf Jahre sind, sollten Sie nach der Ernte herausnehmen. Dies führt zu einer Verjüngung selbst alter Johannisbeersträucher. Vertrocknete oder abgestorbene Äste deuten bei Schwarzen Johannisbeeren oft auf einen Befall mit der Johannisbeergallmilbe hin. Bei Stachelbeeren ist das Entfernen überschüssiger Triebe vor der Ernte zu empfehlen, es verringert den Befall mit Mehltau.

Direkt nach der Ernte ist ein perfekter Zeitpunkt für den Sommerschnitt von **Süßkirschen.** So kann die Baumhöhe um mehrere Meter reduziert und das Triebwachstum beruhigt werden. Wenn erforderlich, kann damit auch ein Korrekturschnitt über zwei bis drei Jahre einhergehen. Hinweise auf einen dringend nötigen Sommerschnitt sind Kopflastigkeit, verstärkter Harzfluss und vertrocknete Äste. Bei Sauerkirschen sind Monilia-resistente Sorten zu bevorzugen.

Das Rückgrat des Gartens – Grünschnitt

Wer es versäumt hat, seine Sommerhecken zu schneiden, kann dies bei entsprechender Witterung noch nachholen. Da der Saftstrom in den Sommermonaten reduziert sein kann, ist auf das richtige Maß zu achten, damit die Pflanzen nicht geschwächt werden. Nicht zu viel abschneiden! Durch einen zu starken Rückschnitt könnten Kahlstellen sonst länger als erforderlich für den Neuaustrieb brauchen oder sogar erst entstehen.

Der **Blauregen** *(Wisteria floribunda)* und sein unbändiger Wuchs! Um den üppigen Blütenflor zu erhalten, dabei aber die sich bis zu 8 m hochwindende Kletterpflanze nicht zu sehr ausufern zu lassen, ist ein Rückschnitt der blütentragenden Kurztriebe zweimal im Jahr erforderlich. Zwei Monate nach der Blüte im Mai werden daher alle Seitentriebe auf 30 bis 50 cm zurückgeschnitten. Neutriebe, die daraus entstehen, werden herausgebrochen, bevor sie verholzen. Dadurch wird das Wachstum gebremst und die Blütenknospenbildung angeregt. Die Blütenknospen entwickeln sich an den Kurztrieben am ausgereiften, alten Holz. Den zweiten Schnitt während der Winterruhe durchführen. Auf stickstoffhaltigen Böden zeigt sich ein verstärktes vegetatives Wachstum auf Kosten der Blütenbildung. Die Hochseilartisten wachsen am besten an und über Mauern, Zäunen, stabilen Pergolen oder massiven Rosenbögen, von denen die Blütentrauben malerisch herabhängen können.

Rosen haben ihren Hauptflor gerade hinter sich und machen eine kurze Pause. Bei **Strauchrosen** können die Neutriebe bzw. Verblühtes für eine gute Verzweigung zu einer Hälfte bis zwei Dritteln gekürzt werden. Ende Juli

ist die beste Zeit, Rosen zu düngen, damit sie im Spätherbst gut genährt abschließen können. Beim **Sommerflieder** sind es die verblühten Rispen, die abgeschnitten werden. Als Dank präsentiert er eine Rispenfülle bis weit in den Herbst hinein. Und nicht nur das: Bezaubernd ist immer wieder das emsige Treiben von unzähligen Schmetterlingen, die ihn als eine Tankstelle für Nektar anfliegen.

Hortensien *(Hydrangea)* sind Sommerblüher und »Rosen für den Schatten«. Ihr botanischer Name leitet sich aus dem Griechischen ab und bedeutet »Wassergefäß«. Wer Hortensien liebt, weiß, dass sie gerade in den ersten zwei Jahren nach der Pflanzung viel Wasser benötigen, denn ihre Wurzeln brauchen ausreichend Zeit, bis sie sich nach einer Wasserquelle ausgerichtet haben. Aus diesem Grund lieben sie feuchte und humusreiche Böden, gern im Halbschatten unter einem tief wurzelnden Baum. Das Blätterdach dient ihnen als Sonnenschirm gegen allzu starke Sonneneinstrahlung und bremst kräftige Regenschauer ab, unter denen Blütenstände schon einmal umknicken können. Die beliebteste Art ist die **Bauernhortensie** *(Hydrangea macrophylla)* aus Ostasien, die es in zahlreichen Sorten und Farben gibt, die von Weiß bis Rosarot und von Azurblau bis Blauviolett reichen. Die Bauernhortensie, aber auch die **Tellerhortensie** *(Hydrangea serrata)* sind botanisch gesehen sogenannte Halbsträucher. Wie bei Stauden bleiben ihre Triebspitzen eher weich und krautig und verholzen nicht vollständig. Dies erklärt ihre bedingte Frosthärte. Für kleine Gärten gilt: Auf die

Blattgröße achten! Je größer das Blatt ist, desto größer möchte die Pflanze werden. Beliebt sind hier Sorten wie »Endless-Summer« oder »ForYou«, die den ganzen Sommer eine reiche Blütenfülle zeigen. Hortensienliebhaber, die gern eine Hecke heranziehen möchten, schneiden dafür im Juli Stecklinge von den neuen, noch grünen Trieben – in kurzen Abschnitten, ohne Blütenknospen, mit jeweils einem Blattpaar am oberen und unteren Ende. Die unteren Blätter werden beim Stecken in die Erde entfernt, die oberen halbiert. Ähnlich ist mit Sommerblühern wie **Kerrien, Sommerflieder** und **Bartblumen** zu verfahren.

Wichtig im Sommer: Das richtige Gießen!

Die beste Zeit, den Garten zu bewässern, ist morgens zwischen sechs und acht Uhr, wenn die Pflanzen noch an die kühleren Nachttemperaturen angepasst sind. Gewöhnen Sie Ihre Pflanzen daran, dass Sie sie ein- bis zweimal in der Woche reichlich gießen. Machen Sie nicht den Fehler, zu oft, aber zu wenig zu gießen. Dies hat zur Folge, dass die Pflanzen nicht genügend Wurzelwerk ausbilden, um ihren Wasserbedarf selbst im Boden einzuholen. Die Faustregel lautet: 30 l Wasser pro qm oder mehr. Nur so dringt das Wasser tief genug in den Boden ein. Bei einer 10-l-Gießkanne würde das Wasser z. B. nur ungefähr 10 cm tief in den Boden reichen. Es versteht sich von selbst, nicht in der Mittagshitze und nicht direkt auf die Blätter zu gießen (Wasserlupeneffekt). Wenn doch tagsüber gewässert wird, dann nur bei bedecktem Himmel oder lediglich im Wurzelbereich. Nicht vergessen, auch unter den Bäumen zu wässern! Wer abends gießt, bereitet den Schnecken eine Rennstrecke. Nach einem Regenguss im trockenen Sommern ist es sinnvoll, die Bodenoberfläche zu lockern – egal, ob künstlich oder natürlich. Dadurch wird die Kapillarwirkung (Luftröhren) unterbrochen, was einer schnellen Wasserverdunstung und Nährstoffauswaschung entgegenwirkt. Dies gilt

auch für abgeerntete Gemüsebeete. Doch dabei ist nicht das tiefe Umgraben mit einem Spaten gemeint! Davon wird immer mehr abgeraten, weil es die Bodenfeuchtigkeit in tieferen Schichten verringert und das Gleichgewicht der Bodenlebewesen zerstört. Verschiedene Hersteller liefern praktische Bewässerungssysteme, die auch im Eigenbau verlegt werden können. Natürlich sind dabei immer auch die Bodenverhältnisse zu beachten. Ein Sand- oder Lössboden in Niedersachsen verhält sich anders als ein Moorboden in Schleswig-Holstein oder die Börden in Norddeutschland.

Erntezeit in Gottes Garten

Ackerschachtelhalm *(Equisetum arvense):* Sammelzeit ist hier von Mai bis Juli. Ackerschachtelhalm enthält sehr viel Kieselsäure und wirkt auf die Blase, die Nieren und das Bindegewebe. Als Blutreiniger lindert er Rheuma. Seine Bezeichnung als »Zinnkraut« erklärt sich über seine Nutzung, da er zum Putzen von Metallen verwendet wurde. Im Besteckkasten ist er auch heute noch sinnvoll, da er dafür sorgen kann, dass das Silberbesteck weniger anläuft. Wenn er als Tee zubereitet wird, sind die Kochzeiten zu beachten: 20 Min. sind notwendig, damit sich die Kieselsäure lösen kann. Zur Stärkung des Nieren-Yang (»angstfrei sein«) sind nur 18 Min. erforderlich, zur Stärkung des Rückens bei Rückenschmerzen nur 10 Min. Äußerlich kann Schachtelhalmtee als Voll- oder Teilbad (150 g pro Bad), als Wickel oder Auflage angewendet werden.

Kapuzinerkresse *(Tropaeolum majus):* Sie findet sich in unserem Garten von Juni bis August und war die Arzneipflanze des Jahres 2013. Sie verdankt ihren Namen einem Sporn an ihrem hinteren Ende, der an die Kapuze einer Mönchskutte erinnert. Sie dient uns hauptsächlich als Würz- und Esspflanze und ist aufgrund ihres hohen Vitamin-C-Gehaltes sowohl stärkend für das Immunsystem als auch hilfreich bei Erkältungen. Sie wirkt schleimlösend und antibiotisch bei Bronchitis

und heilsam bei Infektionen der Harnwege. Als attraktive Blütenpflanze erfüllt sie auch schattige Standorte mit leuchtenden Gelb-, Orange- und Rottönen. Die runde Form ihrer Blätter ist eine Besonderheit, die ihr als Neophyte zu eigen ist: Sie weisen Schmutz ab, der mit dem nächsten Regen oder Tau einfach abgespült wird – vergleichbar ist dies mit dem Nanoeffekt der **Lotosblätter.** Kapuzinerkresse bringt sonnige Energie und Unternehmungslust für kopfbetonte Stubenhocker ...

Nachtkerze *(Oenothera biennis):* Die »Evening Primrose« wächst von Juni bis Oktober. Das Besondere an ihr ist, dass sie bei Dunkelheit blüht – zu beobachten an lauen Sommerabenden! Erst jüngst wurde sie als vielseitiges Heilmittel entdeckt. Ihre Samen enthalten ausgesprochen viel Gamma-Linolensäure – mehr als jede andere bekannte Pflanze. Diese ungesättigten Fettsäuren sind gut für die Blutgefäße und die Haut. Sie helfen vielen Organen, sogenannte Prostaglandine (Gewebshormone oder Mediatorstoffe) zu bilden, die außer in der Muttermilch nur in wenigen Nahrungsmitteln enthalten sind. In ihrem Aussehen erinnert sie an die Königskerze. Nachtkerzenöl hat heilende Kräfte und macht schön.

Der Walnussbaum

Klarheit · Willensstärke · Fruchtbarkeit · Götterspeise

Die Heimat des Walnussbaumes ist Mittelasien. Er stammt ursprünglich aus Persien und wurde in der Antike von Händlern nach Griechenland

gebracht. Die Römer kultivierten ihn später in Italien. So wurden hier z. B. neuvermählten Paaren Nüsse auf den Weg geworfen. Sowohl Griechen als auch Römer schätzten den Walnussbaum sehr und betrachteten Walnüsse als Speise der Götter und Symbol der Fruchtbarkeit. Sie weihten den Walnussbaum Zeus bzw. Jupiter. Der lateinische Name *Juglans (regia)* leitet sich von *Jovis glans* ab und bedeutet so viel wie Eichel des Jupiter. Im christlichen Glauben galt die Walnuss als Zeichen der Dreieinigkeit. Nördlich der Alpen ist der Baum erst seit gut 1200 Jahren bekannt. Die Germanen weihten ihn der Liebesgöttin Fro und dem Donnergott Donar. Marcus Aurelius Probus (232–282), ein römischer Kaiser, ließ in seinen Weinbergen Walnussbäume pflanzen, weil er wusste, dass Walnüsse, auf Festen gereicht, die Folgen der Trinkgelage bei seinen Soldaten minderten. Der Walnussbaum nimmt je nach kultureller Perspektive eine andere Funktion ein: Im deutschen Volksglauben wurde er als Lebensbaum bei der Geburt eines Kindes gepflanzt, auf jüdischen Friedhöfen wie z. B. in Trier steht er als Totenbaum, und im Mittelmeerraum galt er als Hexenbaum.

Die Heilkraft von Walnüssen ist lange bekannt. In der Naturheilkunde kommen daher fast alle Pflanzenteile zur Anwendung. Sie helfen v. a. bei Magen, Darm- und Hautproblemen. **Der Kern der Walnuss bildet die Signatur des menschlichen Gehirns ab, einschließlich der Trennung in linke und rechte Gehirnhälfte.** Kann sich der Mensch zwischen mehreren Möglichkeiten nicht entscheiden oder ist er starken Stimmungsschwankungen unterworfen und hat das Gefühl, das Ruder seines Lebens aus den Händen verloren zu haben, ist es ratsam, regelmäßig einen Walnussbaum zu besuchen. Der Baum vermittelt Klarheit, Standhaftigkeit und Willensstärke. Diese Eigenschaften vermittelt er aufgrund seiner Abwehrkraft durch die in seinen Blättern enthaltenen ätherischen Öle. Ein Walnussbaum als Schattenspender an einen Teich gepflanzt, hält Insekten fern.

Der Juli-Garten als Spiegel der Seele

Die vergangenen Monate waren geprägt vom Werden und Wachsen. Dies konnten wir überall beobachten: bei den Bäumen, Pflanzen, Tieren, Insekten und natürlich bei uns Menschen. Die Erdachse wurde wieder ein Stück neu justiert, zu sehen an der Mondin und in den Bergen: Hier wird erzählt, dass die Sonne nun weiter im Osten auf- und weiter im Westen untergeht. Immenses Licht durchflutet Lady Gaia, unsere Erde. Physisch erleben wir, dass der Druck auf nicht gelebte Wahrheiten zunimmt. Für wache Augen lichten sich jetzt die Schleier des Vergessens und offenbaren sich die Wege in die Eigenverantwortung. Goldene Herzen erblühen in der Sommerzeit – im Einklang zwischen Aus- und Einatmen, Geben und Nehmen, Hier und Jetzt …

Tanzen Sie gern? Und wenn ja, tanzen Sie im Freien? Das Tanzen um einen Steinkreis oder um ein aus Steinen gebautes Medizinrad ist eine uralte Tradition. Das Medizinrad mit seinen acht Richtungen, das uns die grundlegenden Qualitäten für unsere Weiterentwicklung lehrt, wird »Sternenmädchenkreis« genannt. Wir lernen, alles aus verschiedenen Perspektiven zu betrachten, erkennen uns selbst und nehmen uns neu wahr. Wir sind in der Lage, unsere Schattenseiten zu überwinden, sind wir doch gekommen, um uns mit Himmel und Erde zu vermählen.

Heilende Gärten im August

Hochsommer – Ferienzeit

Viele Stauden gehen nun in Sommerpause. Dafür können erste Zwiebel- und Knollengewächse in die Erde gesetzt werden, z.B. **Herbstkrokusse, Madonnen-Lilien** und **Steppenkerzen.** Bis Ende August können **Herbstzeitlose** gepflanzt werden, am besten im Halbschatten und in nährstoffreichen Böden. Sie blühen von September bis Oktober. Kübelpflanzen können noch bis Ende des Monats gedüngt werden. Rosen freuen sich für eine bessere Verholzung über eine Kalidüngung. Sommer- und Balkonblumen werden weiterhin gedüngt, damit sie ihre Pracht bis in den Spätsommer hinein halten können.

Der Obstgarten

Die Erntezeit der **Äpfel** beginnt mit den frühen Sorten im August. Es zählt zu meinen Passionen, die Obstbäume, diese wertvollen Gehölze, den Menschen näherzubringen – denn jede Frucht ist ein Geschenk aus dem Garten Eden. Ein importierter Granny Smith ist damit aber sicherlich nicht gemeint. Wie wundervoll aber, dass gerade die Permakultur ein Wiedererwachen erlebt. Alles wächst, blüht und gedeiht hier im Einklang mit den Elementen. Wer das Sprichwort »Liebe geht durch den Magen« kennt, möge auch wissen, dass einstige Hochkulturen immer Koch- und Badekulturen waren.

Zurück in die Praxis: Es ist noch Zeit für den Sommerschnitt im vollbelaubten Zustand, v.a. bei stark wachsenden Baum- und Strauchobstarten. Im Folgejahr wird dadurch das Triebwachstum gehemmt, gleichzeitig werden die Fruchtbarkeit und der Blütenansatz gefördert und die Fruchtgröße durch fehlende Assimilationsfläche verringert. Es ist nun alles im (Saft-)Fluss, was zu einer sehr guten bis schnellen Wundheilung bei den Pflanzen führt. Selbst Überbauungen im Kopfbereich können mit dem Sommerriss oder Augustschnitt ausgezeichnet reguliert werden. Der Winterschnitt kann dadurch für eine bestimmte Zeit ganz oder teilweise ersetzt werden. **Das Ziel ist ein ruhiger Baum in einem ausgewogenen Verhältnis von Triebwachstum und Ertrag.**

Walnussbäume (siehe auch »Der Walnussbaum«, S. 123) zählen zu den Gehölzen mit einem starken Saftdruck und sollten nur im belaubten Zustand im Juli, August oder September (je nach Lage) geschnitten werden. Neben einer Größenkorrektur sind auch Eingriffe bis an den Stamm ohne Bluten möglich. Da sie immer mehr an

Beliebtheit gewinnen, sei hier eine Schnittanleitung für die Kinderstube gegeben: Im Jahr der Pflanzung bleiben beim ersten Schnitt drei Gerüstäste sowie der Mittelast stehen, damit sich eine lichte, kräftige Krone ausbilden kann. Je nach Wachstumsfortschritt – also nach ein paar Jahren – werden drei bis vier weitere Äste ca. 80 bis 100 cm über den unteren Gerüstästen herangezogen, die restlichen werden entfernt. Die Schnittwunden ggf. mit Wundverschluss behandeln und/oder die Mondphasen beachten. Das Sterben der Walnussbäume, wie dies 2013 in Hessen zu beobachten war, kann möglicherweise mit der starken Ausbringung von Chemikalien in Verbindung gebracht werden. Gott sei Dank haben sie sich wieder erholt!

Das Rückgrat des Gartens – Hecken und Sträucher

Zu den Hecken, die einmal im Jahr und zwar im August geschnitten werden sollten, zählen Hecken aus **Hainbuche, Liguster** und **Rotbuche** sowie immergrüne Hecken aus **Berberitze, Scheinzypresse** oder der **Lebensbaum**. Auch der Formschnitt für Eiben ist jetzt fällig. Damit diese dicht wachsen, werden sie zweimal im Jahr geschnitten, das erste Mal im Frühsommer, das zweite Mal im Hochsommer. Sie wissen es natürlich schon: am besten an trüben, regnerischen Tagen und nicht in der Sommerhitze.

»Von wegen Unkraut!« und andere Irrtümer

Ameisen im Garten sind sehr nützliche Tiere, da sie ebenso wie die Krähen in der Natur die Rolle der Gesundheitspolizei übernehmen. So erbeutet ein Waldameisenvolk beispielsweise pro Tag bis zu 100 000 wirbellose Tiere, worunter auch pflanzenfressende Insekten wie Falterraupen und Blattkäferlarven zählen. Im Garten kommen hauptsächlich zwei Arten der Ameise

vor: Die eine ist die äußerst anpassungsfähige Schwarze Wegameise, die Gartenameise, die ihre Nisthöhle mit Vorliebe unter sonnigen Terrassen anlegt. Die Blattlauskultur zum Honigtaumelken hat sie nahezu perfektioniert. Die zweite ist die Gelbe Wegameise, die deutlich kleiner ist und ihr Nest mit Vorliebe unter Rasenflächen anlegt und dabei Erdhügel wie die von Maulwürfen aufzuschütten vermag. Sie hält unterirdisch Wurzellauskolonien und lebt fast ausschließlich von deren Honigtau. Die gute Nachricht ist, dass sich Ameisennester mithilfe von Blumentöpfen, die mit Holzwolle gefüllt sind, umsiedeln lassen: Stellen Sie diese einfach auf die »Ameisenstraße«, und warten Sie, bis die Umsiedlung samt Puppen in den Blumentopf vollzogen ist. Anschließend können Sie den Blumentopf mit einer Schaufel aufnehmen und mindestens 30 m vom alten Nest entfernt umsetzen, um eine Rückkehr auszuschließen. Anders wäre dies bei Fröschen, die sich nicht umsiedeln lassen. Sie möchten immer wieder an ihren Geburtsort zurückkehren. Denken Sie auch an die Krötenwanderungen! Zu den natürlichen Hausmitteln gegen Ameisen zählen **Lavendelblüten, Zimt, Gewürznelken, Chilipulver** oder **Zitronenschalen**, weil die Ameisen deren Duftstoffe nicht mögen. Sie werden

einfach auf die Ameisennester und -straßen ausgestreut. Abraten möchte ich von abgestandenem Bier mit Honig oder Backpulver – Mittel, die die Ameisen ertrinken oder verätzen lassen. Als Ameisenbarriere haben sich Kreidepulver oder Gartenkalk bewährt. Dennoch sollten Sie Ameisen als nützliche Gartenbewohner betrachten. Wie andere Insekten und Haustiere wie z. B. Katzen zählen sie zum Kreis der sogenannten Strahlensucher und Strahlenflüchter. Im Wissen, dass Ameisen ihre Hügel gern auf Kreuzungspunkte von Wasseradern bauen, liefern sie uns wertvolle Anhaltspunkte zu geopathogenen Zonen.

Im August kommen die meisten Igelbabys zur Welt. Jeder Gärtner kann

sich glücklich schätzen, wenn Igel ihr Zuhause in seinem Garten gefunden haben, vertilgen sie doch Schnecken im großen Maß. Freuen Sie sich also über seltsame Geräusche im Dunkeln, und gönnen Sie den stacheligen Gesellen ein Quartier aus Laub, unter einem Holzstoß oder in einem Reisighaufen.

Gründüngung

Bis Anfang September, sobald die **Holunderbeeren** reif sind, kann zur Verbesserung der Bodenstruktur **Senf** als Gründüngung, **Bienenfreund, Winterroggen** und **Ölrettich** ausgesät werden. Nach dem ersten Frost oder Ende Februar des kommenden Jahres werden die Pflanzenteile dann flach in den Boden eingearbeitet, am besten mit einer Fräse. Die organische Masse dient als Nahrung für die Bodenlebewesen. Der blaublühende Bienenfreund (*Phacelia tanacetifolia*) verbessert mit seinen feinen Wurzeln die Bodenstruktur, und zusammen mit Ringelblumen ist er eine ansprechende Augen- und Bienenweide. Später, im September, kann Bentonit (Steinmehl aus fein gemahlenem Ton), vorzugsweise auf leichten Sandböden, ausgebracht werden. Es hilft diesen Böden, bindiger zu werden und dadurch Wasser und Nährstoffe besser zu speichern. Die Bodenfruchtbarkeit erhöht sich. Besonders Starkzehrer wie Rosen, Obstgehölze, **Flieder** und **Rotbuchen** gedeihen auf mit Bentonit behandelten Böden wesentlich besser.

Erntezeit in Gottes Garten

Brombeere *(Rubus fructicosus):* Ihre Blätter können von April bis September, ihre Früchte im August geerntet werden. Die Brombeere, die schon Hippokrates erwähnte, gehört zu den Rosengewächsen (*Rosaceaen*) und wird in der Heilkunde sehr vielseitig eingesetzt, u. a. schleimlösend bei Atemproblemen und blutreinigend bei Hautproblemen sowie bei Ekzemen und schlecht heilenden Wunden. Ein Brombeertee erleichtert die Geburt und gilt als Schwarzteeersatz. Die Brombeere wird der Venus und dem Element Wasser zugeordnet und auf Körperebene dem Stirnchakra. **Sie hilft dem ganz-**

heitlichen Verstehen und dabei, das Wesentliche zu erkennen – natürliche Wege und Lösungen zu finden. Die Blüte hilft, Energie zu sparen, die Blätter und Beeren verweisen auf Geldzauber.

Gilbweiderich *(Lysimachia vulgaris):* Das Kraut kann von Juni bis August geerntet werden. Der »Gemeine Felberich«, wie er auch genannt wird, ist eine wertvolle Heilpflanze, wirkt adstringierend und blutstillend bei Zahnfleischbluten und Mundentzündungen. Als Tee hilft er bei Blutungen jeglicher Art, aber auch bei Husten und Darmerkrankungen. Sein Geruch hält Insekten fern. Er wird dem Basischakra, dem Steißbein, aber auch dem Konzeptionsgefäß[14] zugeordnet: Sind wir gut geerdet, fühlen wir die Verbindung zur Mutter Erde und unserem Erdengefäß Körper, das die Grundlage für unsere Arbeit auf allen Ebenen ist.

14 In der chinesischen Medizin, in der Lehre von den Meridianen drückt das Konzeptionsgefäß (Renmai) als Sondermeridian das Empfangende, das Weiche, das Innensein, das Passive und das Yin aus.

Heidelbeere *(Vaccinium myrtillus):* Sie findet sich von Juni bis August und wurde als Heilpflanze zuerst von der Hl. Hildegard erwähnt. Als Heidekrautgewächs wirkt sie ähnlich wie der **Felberich** und hilft dem Magen sowie bei Schäden leichter Diabetesformen. Aber auch Brandwunden können mit ihren Blättern behandelt werden. Das blaue Myrtillin hilft als Radikalenfänger empfindlichen Augen, v.a. bei Nachtblindheit, durch Anregung des Zell- und Gehirnstoffwechsels, sowie bei Herz- und Gefäßerkrankungen und Arteriosklerose. Die Heidelbeere nimmt uns Illusionen und falsche Freuden. Sie kann das Dritte Auge stärken, da sie für das sechste Chakra und den sechsten Sinn steht: **der Loslösung aus alten Anschauungen.**

Malve *(Malva neglecta):* Die Blüten und Blätter der Malve können von Juni bis August geerntet werden. Als Heilpflanze wurde sie schon vor 5000 Jahren von den Chinesen hoch geschätzt. In der Bibel wird die Malve im Zusammenhang mit Moses erwähnt, der einem Fieberkranken Malventee gibt. Die Römer mischten Malven mit Öl, Salz, Wein und

Honig und stellten so ein vielfältig einsetzbares Basismittel her: Die Malve erweicht Hartes (lat. *millire* = erweichen), das Öl macht geschmeidig, das Salz gibt Energie, der Wein fördert die Durchblutung und der Honig die Immunabwehr und die Entspannung. In Gärten erfreut sie sich großer Beliebtheit, galten doch einst die heimischen Arten als Zauberpflanzen und Aphrodisiaka. Auch bei Katzen und Hunden sind Malven sehr gut für die Wundheilung einsetzbar. Als Tee für das Halschakra wird die Malve überaus geschätzt! **Menschen mit einem ausgeglichenen Halschakra ruhen in sich, verfügen über ein gutes Zeitgefühl, sind meist künstlerisch begabt und fähig, auf den richtigen Seelengefährten zu warten.**

Schafgarbe *(Achillea millefolium):* Augenbraue der Venus, Bauchweh- und Frauenkraut. Achilles soll sie beim Kampf um Troja verwendet haben. Schafgarbe findet sich im Hochsommer und wirkt als wichtiger Biokatalysator. Sie war die allerheiligste Heil- und Räucherpflanze der Germanen und der Göttin Freya geweiht. Laut dem österreichischen Philosophen Rudolf Steiner (1861–1925) **bringt sie das Geistige in die Welt und verbindet durch ihre kantigen Stängel und ihrem runden hohlen Stiel den Himmel und die Erde.** Sie hat die Fähigkeit, den Rückfluss des Blutes über die Venen zum Herzen zu fördern. Zudem entgiftet sie, wirkt positiv auf Krampfadern, geschwollene Füßen und Durchblutungsstörungen des Herzens. Sie hilft bei der »Schaufensterkrankheit« (Arteriosklerose in den Beingefäßen). Sammeltipp: Das blühende Kraut eine Handbreit über dem Boden schneiden, kleine Sträuße an einem trockenen, schattigen Ort aufhängen. Mit einer Schere zerkleinern, kühl, trocken und lichtgeschützt aufbewahren. Die Schafgarbe wird dem Herz- und dem Wurzelchakra zugeordnet.

Spitzwegerich *(Plantago lanceolata):* Die Blätter können von Mai bis August geerntet werden. Spitzwegerich gilt als König und Hüter der Wege und wird dem Herzchakra zugeordnet. Er war die Arzneipflanze des Jahres 2014 und ist als wichtiger Helfer für die Atemwege, die Haut und die Wundheilung (siehe S. 96) bekannt. Er ist auch als Figurtee beliebt.

Ysop *(Hyssopus officinalis):* Der Lippenblütler taucht von Juni bis August in unserem Garten auf. Er ist verwandt mit **Lavendel, Salbei, Thymian** und **Rosmarin** und wurde von berühmten Ärzten des Altertums als Heilpflanze geliebt. Aufgrund seiner wohltuenden Wirkung auf den Magen-Darm-Bereich ist er sehr gut als Würzkraut in der Küche einsetzbar. Auf Körperebene löst Ysop-Öl Schleim, entkrampft, reinigt und reguliert den Blutdruck, treibt den Schweiß, fördert die Verdauung und hilft, Wunden schneller zu heilen. **Das Öl steht für Weisheit und Inspiration, klärt Gedanken, fördert die Konzentration,** v. a. wirkt Ysop aber stärkend und kräftigend, er muntert auf und schenkt neuen Mut. Er wird dem Solarplexus- und dem Halschakra zugeordnet. [15]

15 Die Zuordnung zu den Chakren wird unterschiedlich erfahren. Bitte selbst ausprobieren!

Der August-Garten als Spiegel der Seele

Mit dem Einschwingen in die zweite Jahreshälfte erleben wir eine sehr intensive, uns unterstützende und lichtvolle Phase, die ideal ist für Neuanfänge jeglicher Art. Im August liegt der Maya-Jahreswechsel gerade hinter uns. Entfaltung ist ein Thema.

Der Monat August trägt die Zahl Acht, die Zahl des Gleichgewichts im Kosmos. Sie ist das Ziel des Eingeweihten, der die sieben Stufen zum Himmel erklommen hat – das wiedergewonnene Paradies. Nach dem Fasten schuf der achte Tag einen neuen Menschen voller Anmut. Die Lotosblüte, die Verkörperung der Reinheit, wird in der hinduistischen Tradition mit acht Blütenblättern dargestellt. Schauen wir in der Natur oder im Garten mit offenen Augen, werden wir erstaunt sein, wo sich überall kleine Fünf- oder Achtsterne finden lassen wie z. B. bei den Venusblumen, die uns mit ihrem Duft betören oder durch ihr prachtvolles Farbenspiel unsere Blicke magisch lenken – so, wie die hellstrahlende Venus am Abend- oder Morgenhimmel. Hinter den Zahlen Fünf und Acht verbirgt sich eine Formel, die als Idealmaß gilt und die wir als besonders schön und harmonisch empfinden – der Goldene Schnitt. Schon auf alten Tontafeln aus Sumer und Babylon finden sich die fünf- und achtstrahligen Sterne der römischen Liebesgöttin. Zu den Pflanzen, die der Venus zugeordnet werden, zählen Akelei, Bärwurz, Birke, Birne, Brombeere, Frauenmantel, Herzgespann, Kreuzkraut, Orchidee, Pfirsich, Rose, Sauerkirsche, Schafgarbe, Seifenkraut und die Wilde Goldrute.

In der Numerologie ist die Acht die doppelte Vier und die zweifach potenzierte Zwei, was von einer enormen Schubkraft zeugt. Nutzen wir diese für uns und wandeln nicht erlöste Ängste, die ein jeder Neubeginn mit sich bringt, in Erlösung und Annahme um. Es sind noch fünf Monate bis zum Jahresende. Genug Zeit! In der Erfüllung ureigener Wünsche und Bedürfnisse liegt der Schlüssel für ein glückliches Leben. Es sind die kleinen Schritte in der Summe … Die Zahl Acht als Zeichen der Unendlichkeit, die Lemniskate, liegt als ruhendes Zentrum inmitten der Bewegung. Gut geerdet liegt ein starker Monat vor uns!

Herbst

Der Apfelbaum

ROMANTISCHE LIEBE · WEISHEIT · UNSTERBLICHKEIT

Der Apfelbaum gilt als Baum der Unsterblichkeit. Das geheimnisvolle Avalon wurde nach ihm benannt (kymrisch *abal* = Apfel oder *aball* = Apfelbaum). Der Apfel ist ein Symbol für Liebe, Fruchtbarkeit und Vergänglichkeit sowie für das Leben und Mutter Erde. An Samhain, heute Halloween, war der Apfel Symbol für das Sterben und die Wiedergeburt. Vom Antlitz her ist der Apfel rund wie die Erde, aufgeschnitten zeigt das Kerngehäuse einen fünfzackigen Stern, das Pentagramm. Es ist ein altes magisches Zeichen, das wie der Apfel selbst ein Symbol der Liebesgöttin Venus ist. Die Fünf ist zudem das Symbol der Liebe.

Bei den Germanen wachte die Göttin Iduna über die goldenen Äpfel. In Griechenland wurde der Apfel berühmt, als Paris der schönsten Göttin einen Apfel geben sollte und durch die daraus entstandenen Eifersüchteleien der Trojanische Krieg ausgelöst wurde. Bei der ersten schriftlich überlieferten Olympiade in Griechenland (776 v. Chr.) bekam der Sieger einen Apfel überreicht, heute ist es die Goldmedaille. Bekannt ist auch die Sage um den Schweizer Freiheitskämpfer Wilhelm Tell, der sich 1291 weigerte, sich vor einem hohen Herrn zu verbeugen und zur Strafe mit einer Armbrust einen Apfel vom Kopf seines eigenen Sohnes schießen musste. Dem deutschen Reformator Martin Luther (1483–1546) wird das Zitat zugeschrieben: **»Wenn morgen die Welt unterginge, würde ich heute noch ein Apfelbäumchen pflanzen.«** Der englische Naturforscher und Universalgelehrte Sir Isaac Newton (1643–1726) soll beim Anblick eines fallenden Apfels das Prinzip der Schwerkraft erkannt haben.

Äpfel und Nüsse, die Sankt Nikolaus in seinem Sack trägt, sind Samen der Zukunft sowie Nahrung, die durch die kalten Wintertage trägt, und Gaben für die Ahnen. Der alte Wintergeist trägt **Haselruten** mit sich, die Lebenskraft auf gebärfähige Frauen übertragen sollen, und kommt oft zusammen mit dem Christkind aus dem tiefen, verschneiten saturnischen Tannenwald – aus der Tiefe unserer Seele, wie der Ethnobotaniker und Kulturanthropologe Wolf-Dieter Storl schreibt.

Der Apfelbaum öffnet unser Bewusstsein für die Erkenntnis, dass uns allen eine Sehnsucht nach Geborgenheit innewohnt. **Uns wird bewusst, dass wir alles in uns tragen, um in uns unsere Heimat zu finden und unsere Welt so zu gestalten, dass sie unser Zuhause wird.** Besonders Menschen, die viel Verantwortung im Beruf tragen, oder Visionäre der neuen Zeit, die mutig neue Wege beschreiten, finden im Apfelbaum einen weisen Freund und Ratgeber für ihren Alltag. Er bietet ihnen Halt und Vertrauen in ihrer Vorreiterrolle, die sie für viele Menschen einnehmen, und darüber hinaus ist der den Genuss seiner Früchte eine überaus gesunde Kraftquelle für Ausdauer und Stärke. Der Apfelbaum befreit fast mühelos von jeder schwermütigen Stimmung und zeigt uns einen Weg, wie wir unsere Gefühle sinnvoll unserem Lebensrhythmus anpassen können. **In der Auflösung von Energieblockaden ist der Apfelbaum ein liebevoller Helfer.** Goethe erwähnt einen Apfelbaum im *Faust*. Diana Cooper schreibt, dass Einhörner, die sich gern in der siebten Dimension aufhalten, besonders gern unter Apfelbäumen grasen.[16] Und es sind die zauberhaften Feen, die während der Apfelblüte diese liebevolle und Glück ausstrahlende Magie bewirken.

16 Siehe Diana Cooper: Das Wunder des Einhorns: Begegnung mit den erleuchteten Wesen der siebten Dimension. München 2008.

Heilende Gärten im September

Ein Monat voller Magie

Das Wetter ist beständiger als im Sommer, die Sonne steht tiefer am Firmament, die Luft ist meist klar und kühl. Frühaufsteher können ein magisches Schauspiel erleben, wenn die ersten Sonnenstrahlen durch den Morgennebel herabsteigen und die Erde wach küssen. Die Tage werden nun deutlich kürzer. **Die Venus leuchtet uns immer noch als Morgenstern,** ihre Aufgangszeiten schieben sich nun immer weiter nach vorn, bevor sie Ende September im immer heller werdenden Sonnenlicht verschwindet. Erste Nachtfröste zum Ende des Monats sind keine Seltenheit.

Stauden · Blumen · Rabatten

Von September bis November ist der große Auftritt der Herbstblüher. **Astern, Chrysanthemen, Erika, Dahlien, Fetthenne, Herbstanemonen, Sonnenhüte** und **Prachtkerzen** bringen Farbe in Ihren Garten. Bei Sommerstauden wie **Bart-Iris, Fingerhut, Frauenmantel, Mädchenauge, Prachtscharte, Rittersporn** und **Sonnenbraut** ist nun eine gute Zeit, zu groß gewordene oder blühfaule Exemplare zu teilen. Der Frauenmantel wird z. B. rundherum mit dem Spaten abgestochen und samt seinem großzügigen Wurzelballen herausgehoben, in Stücke geteilt und am besten gleich wieder als Beeteinfassung an den Teich o.Ä. gepflanzt. **Greifen Sie beherzt ein, wenn Ihnen Gartenbilder nicht gefallen oder Farbkombinationen besser arrangiert werden können!** Auch mitten in der Saison ist dies kein Problem, solange Sie die Pflanzen gut versorgen, bis sie wieder gut durchwurzelt sind.

In warmen Herbsttönen schmücken jetzt die dicht gefüllten Blüten der **Chrysanthemen** *(Chrysanthemum)* die Rabatten, Schalen und Körbe. Als Blumenschmuck wirken sie wie in die Natur gemalte Gemälde in prächtigen Farben und zarten Pudertönen wie Blau, Rot, Orange, Lila und Weiß. Kennen Sie die lange Tradition der Chrysanthemen, hinter deren Namen sich die griechischen Wörter *chrysos* für »gold« und *anthemon* für »Blüte« verbergen? Schon zu Zeiten des chinesischen Philosophen Konfuzius (551–479 v. Chr.) galt sie in China als Symbol des kühlen Herbstes und des Mutes. Sie zählte zusammen mit dem **Bambus**, der **Orchidee** und der **Pflaume** zu den vier edlen Pflanzen und soll am neunten Tag des neunten Mondmonats gepflückt werden. Sie reiht sich in die Gruppe der Pflanzen ein,

die als Symbol für Bescheidenheit, ein langes Leben, Vornehmheit und die ewige Liebe stehen. In Japan ist sie kaiserliche Nationalblume.

Für **Strauch-Pfingstrosen** ist Ende September die optimale Pflanzzeit – sie ist sogar geeigneter als das Frühjahr, da die jungen Triebe hier noch sehr zart und zerbrechlich sind und beim Pflanzen im Frühling leicht abbrechen könnten.

Wer im Winter seinen Garten mit Schönheit erfüllen möchte, spart sich den Rückschnitt ausgewählter Stauden bis zum Frühjahr auf, denn Stauden wie **Astilben, Brandkraut, Geißbart, Hohe Fetthenne, Lampionblume, Purpursonnenhut, Schafgarbe** und **Sonnenhut** tragen schöne Frucht- und Samenstände, die im Winter die Blicke auf sich ziehen. **Bergenien** zeigen eine schöne Blattfärbung. Gräser kommen besser über den Winter, wenn sie erst im Frühjahr beim Austrieb der ersten grünen Spitzen geschnitten werden.

Ab Mitte September heißt es: Blumenzwiebeln pflanzen! Die Zwiebeln sollten etwa doppelt so tief gepflanzt werden wie sie groß sind. Bei der Auswahl der Tulpen ist eine gute Qualität entscheidend. Viele hochgezüchtete Sorten erschöpfen sich meist schon nach einer Gartensaison. Zu den robustesten Tulpen zählen die Darwin-Tulpen, gefolgt von den zarten und filigranen, eleganten Lilienblütigen Tulpen. Zum Verwildern eignen sich die noch sehr ursprünglichen Botanischen Tulpen. Recht ausbreitungsfreudig sind die **Leinblättrige Tulpe** *(Tulipa linifiolia)* wie die »Batalini Bright Gem« und die »Fusilier« *(Tulipa praestans)* sowie die wilde **Turkestanische Tulpe** *(Tulipa turkestanica)* und die **Tarda-Tulpe** *(Tulipa tarda)*. Wie immer gilt auch hier, dass der richtige Standort entscheidend für eine jahrelange Blütenpracht ist. Bei schweren, undurchlässigen Böden können die Zwiebeln in ein dickes Sandbett gesetzt werden, damit sie bei Staunässe nicht faulen. Tulpen lieben einen Standort, der sonnig, warm und nicht zu dicht bewachsen ist.

Der Obstgarten

Für die meisten Früchte im Obstgarten bilden die Monate September und Oktober die Haupterntezeit. Die Beerensträucher sind zwar so gut wie abgeerntet, doch kommen jetzt die Kernobstgewächse wie **Äpfel-** und **Birnbäume** in die Pflückreife, ebenso die **Zwetschen-** und **Pfirsichbäume. Hasel-** und **Walnüsse** sollten Sie nur reif pflücken. Halbreife schimmeln sehr schnell im Lager. Haselnüsse sind reif, wenn sie sich leicht aus den Fruchthüllen lösen, Walnüsse, wenn ihre grüne Schale platzt. Manche kennen es vielleicht noch aus Kindertagen, dass im Herbst die Nüsse der **Eichen** und **Kastanien** für die Wildschweinfütterung gesammelt wurden. Früher dienten Eicheln als Grundnahrungsmittel. Nach Auswaschung der Gerbstoffe wurde Mehl und Kaffee daraus hergestellt. Sind Eicheln und Kastanien reif, fallen sie auf den Boden.

Erntezeit in Gottes Garten

Dill *(Anethum graveolens)*: Das v.a. als Würzkraut für Gurken, Salate und Soßen bekannte Kraut kann von Juni bis September geerntet werden. Ähnlich wie sein Bruder, der Fenchel, hat er zahlreiche Heilfähigkeiten. So wirkt er milchfördernd, beruhigend bei Blähungen, Bauchschmerzen, Gallenkoliken, nervöser Schlaflosigkeit und Schluckauf. Zudem ist er ein guter Stilltee.

Sein süß-würziger Duft stärkt die Aura und verschafft uns Raum, wenn wir uns seelisch von anderen Menschen bedrängt fühlen. Dill lässt den Menschen innerlich ruhig werden und hilft so v.a. zappeligen und aufgedrehten Menschenkindern.

Dost *(Origanum vulgare):* Erntezeit ist auch hier von Juni bis September. Dost ist unter dem Namen »Oregano« v.a. als unentbehrliches Pizzagewürz bekannt. Als Heilpflanze wirkt er bakterientötend und kann bei Verdauungsbeschwerden, äußerlich bei Ekzemen und Wunden sowie in Tropfenform bei Husten angewendet werden. Bei Schmetterlingen erfreut er sich großer Beliebtheit und wird zu einer wahren Insektenweide.

Frauenmantel *(Alchemilla vulgaris):* Das Marienkraut, das auch »Mutter-Gottes-Mantel« genannt wird, findet sich von Mai bis September in unseren Gärten. Alchemisten versuchten früher, Gold aus seinen Tautropfen zu gewinnen. Frauenmantel zählt zu den Wetterpflanzen, da er zu schwitzen anfängt, wenn sich Regen ankündigt (siehe S. 210). Als Heilpflanze wird er in der Frauenheilkunde hochgelobt, da seine Pflanzenhormone dem weiblichen Progesteron ähneln. So gleicht

Frauenmantel Mangelzustände aus, die zu prämenstruellen Störungen und zu Wechseljahresbeschwerden führen können und entkrampft die Gebärmutter. **Es hilft den Menschen, denen in der Kindheit das Vorbild der weiblichen Urmutter fehlte, schenkt Mitgefühl und unterstützt beim Lösen von der Vergangenheit.** Das Leben ist jetzt – alles ist in Ihnen. Die Botschaft der Pflanze lautet: **Ich bin die weibliche Urkraft.**

Herbstzeitlose *(Colchicum autumnale):* Von September bis Oktober öffnet die Herbstzeitlose ihre Blüten – ganz ohne Blätter –, und erinnert an **Krokusse** oder **Safran**. Sie ist stark giftig und wird als eine Art pflanzliches Arsen gesehen. Sie gilt als einziges Mittel, das wirksam bei akutem Gichtanfall hilft. Im Mittelalter hieß sie *Filius ante patrem* (= Sohn vor dem Vater), da sie mit ihrer Blüte im Herbst die Jahreszeiten umdreht. **Themen der Herbstzeitlosen sind der Wendepunkt, die Zuversicht sowie das Betrachten der Wirklichkeit mit den Augen der Seele.**

Kornelkirsche *(Cornus mas):* Diese Wildpflanze war ursprünglich im Kaukasus beheimatet. Sie ist eine Hartriegelart und zählt anders, als ihr Name vermuten lässt, nicht zu den Kirschen. Schon in der Antike wurde sie als Heilpflanze geschätzt, da ihre Vitamin-C-reichen Früchte Fieber senken und ihre Rinde, ihr Holz und ihre Blätter Gicht lindern können. Bei Glutenunverträglichkeit soll sie ebenfalls helfen. Die Essenz dieser Pflanze öffnet uns für die göttlichen Ordnungskräfte und regeneriert Disharmonien im Körper und Geist.

Vogelmiere *(Stellaria media):* Sie ist ein nahezu ganzjähriges Wildgemüse mit weißen sternförmigen Blüten. Weil man es ihr auf dem ersten Blick nicht ansieht, weiß kaum jemand, dass sie zur Familie der Nelken gehört. Das Besondere an ihr ist, dass sie selbst bei Frost wächst – sie keimt und treibt sogar unter einer schützenden Schneedecke. Bei Gartenbesitzern gilt die Vogelmiere mit ihren kleinen Sternblüten als lästiges Unkraut, ob-

wohl dieses gesunde Wildgemüse ein Labsal für nackte Böden ist und als lebendige Mulchschicht Bodenerosion verhindert. Da die Vogelmiere stickstoffhaltige Böden mit guter Bewässerung besonders liebt, ist ihre Verbreitung ein Anzeiger für gut gedüngte bzw. fruchtbare Böden. Als Heilpflanze wird sie gern als Tee zur Stoffwechselanregung, bei Hautausschlag, Schuppenflechte und rheumatischen Beschwerden wie Gicht und Rheuma getrunken oder als Aufguss ins Badewasser gegossen. Dank ihrer Vitamine, Mineralien und Saponine weckt sie die Lebensgeister, hilft bei Mangelerscheinungen wie z.B. Frühjahrsmüdigkeit, wirkt schleimlösend, harntreibend und unterstützend bei Schlankheitskuren. **Sie bringt wieder Flexibilität ins Leben, öffnet für Gefühle und weckt die Intuition.** Sie hilft dabei, Mut zu bewahren und dem Lebensweg unverzagt zu folgen.

Wegwarte *(Cichorium intybus):* Dieses Kraut mit den himmelblauen Blüten wächst von Juni bis September. Wie der Name schon sagt, ist die Wegwarte v.a. an Wegrändern anzutreffen. Dort wird sie allerdings häufig übersehen, da ihre Gestalt luftig und durchlässig ist. Im Altertum und Mittelalter war sie als Zauberkraut bekannt und sehr wertvoll. Die Wurzeln können als Tee oder Tinktur bei Verdauungsproblemen, die Blätter bei Hautproblemen angewendet werden. Aufgrund des hohen Inulingehaltes ist die Wegwartenwurzel auch als Nahrungsergänzung für Diabetiker geeignet. Zichorienkaffee, ein kaffeeähnli-

ches Getränk, das aus der Wurzel der Wegwarte hergestellt wird, ist beliebt und wirkt verdauungsfördernd. Die Bachblüte »Chicory« hilft Menschen, wieder wahre Liebe geben zu können, ohne sie einzufordern oder sie aufzudrängen. **Liebe ohne Erwartungen geben zu können, ist ein Schlüssel.** So ist es verständlich, dass die Wegwarte dem Herzchakra zugeordnet wird. Wegwarte lässt sich gut mit **Königskerze** und **Brennnessel** verräuchern.

Die Quitte

LIEBE · GLÜCK · REICHTUM · FRUCHTBARKEIT · VITALITÄT · KLUGHEIT

Die Quitte, Lieblingsfrucht der Götter, »Apfel aus Kydonia«. Ihr botanischer Name *Cydonia oblongata* weist auf ihren Herkunftsort Kreta hin. Es waren die römischen Legionen, die sie nach Mitteleuropa brachten. Ihre Ursprünge weisen aber bis über 4000 Jahre zurück in den Kaukasus. **Die Quitte verheißt Reichtum, trägt ihr prächtiges Gewand doch die Farben Silber, Gold und Grün.** Allein ihr Duft ist betörend: Er bringt den Ausgleich ins Herz, z. B. wenn Kopf und Bauch oder Yin und Yang »sich streiten«. Die **Birnenquitte** ähnelt einer Gebärmutter und gilt als Symbol für die weibliche Fruchtbarkeit. Durch diese Besonderheiten ranken sich viele Erzählungen um sie. Eine ist die Geschichte *Die Goldenen Äpfel der Hesperiden:* Bei der prachtvollen Vermählung von Zeus mit Hera schenkt Mutter Erde dem Paar einen Lebensbaum mit goldenen Äpfeln, der ewige Jugend, Unsterblichkeit, Schönheit, Klugheit und

Königinnen die Gotteswürde verleihen sollte. Hera freute sich so sehr über den Baum, dass sie ihn in ihrem göttlichen Garten am Ende der Welt pflanzen ließ. Aus dem griechischen Wort *melimelon* (*meli* = Honig, *melon* = Apfel) entstand über das portugiesische Wort für Quitte *(marmelo)* der Begriff »Marmelade«.

Die Quitte verfügt über besondere Heilkräfte, die schon in der Antike erwähnt wurden: Hippokrates empfahl sie bei Fieber und Durchfall und ihre rohe Frucht zur Blutstillung bei Wunden. Die Hl. Hildegard nannte sie ein Universalheilmittel für Gesunde und Kranke mit den unterschiedlichsten Gebrechen. Verantwortlich dafür sind ihre Gerb- und Schleimstoffe, die eine gute Heilwirkung auf das Verdauungs- und Atmungssystem ausüben. Sie bietet sich regelrecht für Menschen an, die sich in auflösenden, zerfließenden und verwässernden Prozessen befinden, wie sie Schleimhauterkrankungen oder Wassersucht hervorrufen. **Dabei vermag sie abbauende, auflösende Krankheiten in aufbauende, heilende Kräfte umzuwandeln.** Durch ihre trockene, schützende Art dient sie besonders Menschen, die sehr sensibel und verletzlich sind. Siehe auch »Heilende Gärten im März«, S. 62.

Der September-Garten als Spiegel der Seele

Je weiter der Sommer ins Land eingekehrt ist, desto kräftiger ist das Farbenspiel der Natur. Alles bereitet sich auf den Herbst vor. Besonders anziehend für das Auge sind die leuchtenden Rottöne, die Blätter und Früchte zeigen. Es ist Erntezeit im Zeichen der Jungfrau: Sie liebt es, aus dem Vollen zu schöpfen!

Zur Tagundnachtgleiche am 23. September feiern wir den Herbstanfang. Wir versammeln uns für die Ernte und treffen Vorbereitungen für den Winter. Wie verbunden fühlen Sie sich mit der Erde? Ist Ihre Ernte aufgegangen? Geben und schöpfen Sie aus dem Vollen? Seien Sie im Einklang mit den Lichtflutungen der warmherzigen Septembersonne.

Der September ist der neunte Monat, die Zahl Neun gilt in vielen Kulturen als die Zahl der göttlichen Vollkommenheit, der Erfüllung. In China gilt die Zahl als himmlische Macht und im Hinduismus ist die Neun die Zahl des Lebensfeuers, des Agni. Neun Monate dauern die warmen Jahreszeiten, neun Monate vergehen von der Empfängnis eines Kindes bis zur Geburt. Der Haselbusch der Weisheit trägt neun Haselnüsse. Die Rückennummer 9 ist die Nummer des Mittelstürmers beim Fußball. Viele Komponisten vollendeten jeweils genau neun (gedruckte) Sinfonien.

Heilende Gärten im Oktober

Stauden · Blumen · Rabatten

Im Garten laufen die Vorbereitungen für den Abschluss des Gartenjahres. So werden frühjahrsblühende Stauden am besten noch in den Herbstmonaten gepflanzt. Hierzu zählen die **Berg-Flockenblume,** die **Götterblume,** die **Knäuelglockenblume,** das **Tränende Herz** und **Wolfsmilchgewächse.** Auch für Lilien sind die Monate Oktober und November ideale Pflanzmonate. Ausnahme: **Madonnen-** und **Tiger-Lilien,** die bis spätestens September gepflanzt werden sollten. Bei der Pflanzung der Lilien gilt es Folgendes zu beachten: Das Pflanzloch sollte ca. 25 cm tief ausgraben werden. Vermischen Sie den Aushub anschließend mit Kompost und Sand im Verhältnis 1:1:1, und befüllen Sie das Pflanzloch damit bis zur Hälfte. Die Zwiebeln legen Sie nun im Abstand von 25 bis 30 cm hinein, bedecken sie mit der Erdmischung und gießen sie an. Da Lilien sonnige Standorte lieben, aber ebenso wie Clematis einen »kühlen Fuß« brauchen, ist eine Unterpflanzung mit niedrigen und halbhohen Stauden oder Sommerblumen, die Schatten spenden, günstig.

Achtsamkeit im Innen wie im Aussen ist das höchste Gebot!

Immergrüne Stauden und Bodendecker wie die **Golderdbeere, Storchschnabelarten** oder die **Schleifenblume** nur zurückschneiden, wenn sie sich zu stark ausbreiten. Astern reagieren durch einen frühen Rückschnitt empfindlicher auf Frost. **Stockrosen** und **Kokardenblumen** halten sich länger durch einen frühen Rückschnitt. Auch **Prachtkerzen** sind dankbar für einen Herbstrückschnitt, durch den sie Kraft für das nächste Jahr sammeln können. Sie sind wunderschöne Herbststauden, nicht umsonst heißt eine Sorte »Whirling Butterflies«, die tanzenden Schmetterlinge. Als Schutz vor den Herbst- und Winterstürmen braucht diese Schönheit aber eine Abdeckung aus Herbstlaub und Fichtenzweigen. Nur so übersteht sie den Winter.

Bei wintergrünen Stauden wie **Gänsekresse** und **Hornkraut** ist es wiederum wichtig, sie vom Laub zu befreien, damit sie im Winter nicht faulen oder vollständig unter einer Laubschicht verschwinden. Andere Waldstauden und Bodendecker wie die **Schaumblüte,** die **Waldsteinie** oder **Efeu** fühlen sich im Herbst hingegen sehr wohl unter einer Laubdecke. **Alpenstauden** brauchen meist eine längere Kälteperiode, um zu keimen. Dazu gehören **Küchenschelle, Frauenmantel,** die **Primel** oder der **Eisenhut.** Spätestens nach den ersten Frösten werden die **Dahlienknollen** gerodet. Das Laub ist vorher komplett abzuschneiden. Es ist hilfreich, die Sorten zu beschriften. Die Lagerung sollte am besten an einem kühlen, dunklen, frostfreien Ort in Kisten mit lockerer Humuserde erfolgen. Wichtig: Sortieren Sie beschädigte und verfaulte Knollen vor dem Einwintern aus.

Der Obstgarten

Achten Sie beim Kauf von wurzelnackten **Kirsch-, Pflaumen-** und **Zwetschenbäumen** darauf, dass diese baldmöglichst eingepflanzt bzw. vor dem Einpflanzen in lockere Gartenerde »gesetzt« werden, damit die Wurzeln nicht austrocknen bzw. das Wachstum nicht unterbrochen wird, also nicht ins Stocken gerät. Bei **Süßkirschen** pflanzen Sie am besten frühe Sorten, um die Eiablage der Kirschfruchtfliege zu umgehen.

Im Herbst ist die Pflanzzeit für **Stachelbeeren,** da diese zeitig im Frühjahr austreiben. Je früher sie an einen vollsonnigen Standort gepflanzt werden, desto besser ist es. Ab Ende Oktober können abgetragene **Himbeerruten** zurückgeschnitten werden. Alle zweijährigen Triebe werden dicht über dem Boden abgeschnitten. Von den einjährigen Trieben sollten Sie nur die kräftigsten stehen lassen. Bei späten Sorten wie »Himbotop« schneiden Sie alle abgeernteten Ruten bis auf Bodenhöhe ab.

Rhabarber wird etwa alle acht bis zehn Jahre geteilt, damit die Pflanze wüchsig und vital bleibt. Sobald die Blätter braun sind, werden mit einem scharfen Spaten Teilstücke mit mindestens drei gut ausgebildeten Knospen abgestochen.

Topinambur *(Helianthus tuberosus)* – die essbare Knolle der Stauden-Sonnenblume – wird bei Bedarf geerntet. Im 17. Jahrhundert zählte sie zu den Delikatessen der Pariser *Haute cuisine*, bevor die Kartoffel vom alten Fritz eingeführt wurde.[17] Empfehlung: Die winterharten Knollen sollten alle vier Jahre komplett gerodet und an anderer Stelle eingepflanzt werden. Im Herbst gilt es, abgestorbene Stängel abzuschneiden und den Boden großzügig mit Herbstlaub zu mulchen, damit er im Winter weniger durchfriert.

17 Friedrich II (1712–1786), der Alte Fritz, erkannte, dass die neue Frucht eine große Hilfe gegen die immer wieder auftretenden Hungersnöte darstellte und schrieb 1756 mit seinem »Kartoffelbefehl« den Kartoffelanbau vor.

Das Rückgrat des Gartens – Hecken und Gehölze

Die Schonzeit für Gehölze (und ihre Bewohner) endet am 30. September. Von Anfang Oktober bis Ende Februar ist es erlaubt, Hecken und Gehölze zu beschneiden. Im Herbst bzw. wenn das meiste Laub abgefallen ist, werden sommergrüne Gehölze umgepflanzt. Wurzelnackte oder ballierte Ziersträucher werden am besten im Oktober bzw. November gepflanzt, damit sie vor dem Einsetzen des Winters Zeit zum Durchwurzeln haben und mit einem Wachstumsvorsprung in

das nächste Frühjahr starten können. Darunter zählen **Forsythien,** der Rückschnitt erfolgt hier nach der Blüte, und **Duftjasmin,** auch »Falscher Jasmin« genannt, bei dem der Rückschnitt alle zwei bis drei Jahre nach der Blüte erfolgen sollte. Ausnahme: Immergrüne Gehölze wie **Rhododendron, Hibiskus** oder **Säckelblume** werden im Spätsommer oder besser im zeitigen Frühjahr umgepflanzt. Sie würden bei Frost Blattschäden erleiden, wenn sie bis zum Winter nicht gut eingewurzelt sind. Dazu zählt auch der **Kirschlorbeer** *(Prunus laurocerasus),* ein sehr dankbares wintergrünes Gehölz im Garten. Interessant ist, dass er entgegen seinem Namen keine Lorbeerart ist, sondern eine immergrüne Verwandte der Kirschen und Pflaumen. Doch Achtung: In den Wintern vor ein paar Jahren waren es genau diese großblättrigen Lorbeerkirschen, die erfroren sind! Bei den vielen Sorten, die in Wuchshöhe, Habitus und im Laub sehr verschieden sind – zu nennen sind sehr großblättrige Sorten wie »Rotundifolia«, aber auch Züchtungen mit kleinen schmalen Blättern wie »Otto Luyken« oder »Zabeliana« –, gibt es große Unterschiede in der Winterhärte. Erkundigen Sie sich vor jeder Pflanzung in ausgewählten Baumschulen, was Sie wirklich für Ihren Garten beachten müssen. Interessant ist, dass die europäischen Pflaumen, zu denen der Kirschlorbeer zählt, vermutlich aus zwei Elternarten, der wilden Kirschpflaume und der gewöhnlichen Schlehe, hervorgegangen sind.

Laubabwerfende Heckenpflanzen wie **Hainbuche** oder **Rotbuche** werden ab Mitte Oktober, auf jeden Fall aber vor dem Winteranfang in lockere, mit

reifem Kompost aufgebesserte Erde gepflanzt. Für eine gute Verzweigung sollten Sie alle Triebe nach dem Einpflanzen kräftig zurückschneiden.

Wurzelnackte Rosen werden am besten von Oktober bis November gepflanzt. Vor dem Pflanzen sollten Sie alle Wurzelspitzen zurückschneiden und zum Wassertanken für ein paar Stunden in einen Wassereimer o. Ä. stellen. Die Pflanzung sollte in ein Gemisch aus lockerer Gartenerde, Kompost und einer Handvoll Hornspäne erfolgen. Achten Sie dabei aber darauf, dass die Veredlungsstelle mindestens zwei Fingerbreit unterhalb der Erdoberfläche liegt. Es ist besser, wurzelnackte Rosen nicht im Frühjahr, sondern im Herbst zu pflanzen, wenn sie mitunter drei bis vier Monate Lagerung im Kühlhaus hinter sich haben. Im Herbst gepflanzte Rosen starten gut durchwurzelt ins neue Gartenjahr. Öfter blühende Rosen brauchen bereits im Herbst einen leichten Rückschnitt hin zu einem gleichmäßigen Strauch mit einer kompakten Krone. Wichtig: Rosen werden im Frühjahr geschnitten, sobald die **Forsythien** blühen.

Hohle Stängel von hohen Doldengewächsen wie **Engelwurz** oder **Bärenklau, Kletten, Schilf, Rohrglanzgras,** aber auch Stängel von **Disteln, Beifuß** und **Brennnesseln** sind im Winter beliebte Schlupfwinkel für Spinnen, Schmetterlingsraupen, nützliche Schwebfliegenlarven, Kurzflügler, kleine Laufkäfer, Erzwespen, Brackwespen und Rüsselkäfer. Es können auch mehrere Tiere zusammen in einem Stängel überwintern, manchmal sogar Raub- und Beutetier Seite an Seite. **Das ist Natur pur!**

Erntezeit in Gottes Garten

Echter Eibisch *(Althaea officinalis):* Die Freiheitsblüte enthält Pflanzenschleime, die sich wie ein Schutzfilm über die Bronchien und Mund- und Magenschleimhäute legen und Entzündungen und trockenen Husten lindern. Das Rezept für dieses Mittel ist ganz einfach:

> WURZELN IM SPÄTHERBST AUSGRABEN,
> 3 TL GETROCKNETE, GESCHÄLTE RINDE IN EINE TASSE KALTES WASSER EINRÜHREN, ZWEI STUNDEN ZIEHEN LASSEN, VOR DEM TRINKEN ERWÄRMEN, NICHT AUFKOCHEN.
>
> Rezept zur Linderung von Entzündungen und Husten

Eibisch wird dem Sakralchakra zugeordnet. Er hilft, geistige Grenzen zu überwinden und bietet uns die Freiheit, uns für uns selbst zu entscheiden. **Es gibt nur die Grenzen, an die**

wir selbst glauben. Die an uns selbst gerichteten Erwartungen sind oft kindliche Prägungen – geistige Schubladen, die keinem mehr dienen, weil die Vergangenheit vorbei ist. **Eibisch gibt uns den Mut, über uns selbst hinauszuwachsen. Er bereichert das Jetzt!**

Petersilie *(Petroselinum hortense):* Der Alleskönner, der **»Sellerie, der auf Felsen wächst«**. In der Kräuterküche ist die Petersilie ein Klassiker, da sie mit nahezu jedem Gewürz harmoniert. Sie ist Bestandteil der Grünen Soße, einer Frankfurter Spezialität. Es ist nicht nur ihr hoher Vitamin-C-Gehalt – schon 20 g Petersilie decken zwei Drittel des täglichen Bedarfs –, sie ist ebenfalls reich an wertvollen Mineralien. Sie wirkt entwässernd, antimikrobiell, blutreinigend, stoffwechselanregend und entlastend auf die Nieren und die Leber. Nur wenige wissen um ihre Heilwirkung für die weiblichen Fortpflanzungsorgane.

Die Petersilie spielte in den unterschiedlichsten Kulturkreisen eine bedeutende Rolle. Im alten Ägypten wurden die Toten mit Kränzen aus **Eppich** und Petersilie bestattet, und bei den Griechen übernahmen Petersilienkränze eine ähnliche ehrende Funktion wie später der **Lorbeerkranz.** So soll sich z.B. Herkules auf Festen mit einem Petersilienkranz geschmückt haben, dem auch eine vorbeugende Wirkung gegen Trunkenheit zugesprochen wurde. Der Spruch **»Petersilie hilft dem Mann aufs Pferd und der Frau unter die Erde«** beschreibt ihre Wirkung als Potenzmittel für Männer und als Abtreibungsmittel für Frauen, das zum Tode führen könnte. Die Petersilie wird dem zweiten Chakra, dem Sakralchakra, dem Zentrum für Sinnlichkeit und Sexualität, zugeordnet. Hierzu gesellen sich auch die **Brennnessel** und die **Schafgarbe.**

Ringelblume *(Calendula officinalis):* Das sogenannte Mariengold kann von Juni bis Oktober geerntet werden. Es ist eine unglaublich vielseitige Heilpflanze und übt positive Effekte auf die Wundheilung, die Verdauung, die Nerven, Frauenbeschwerden, Krampf-

adern und Warzen aus. Zusammen mit **Rosen, Tomaten** und **Erdbeeren** lassen sich mit der Ringelblume wunderschöne Pflanzgemeinschaften bilden. Gemüsegärtner lieben sie in Kombination mit **Studentenblumen** *(Tagetes)*, da beide die Kohlfliege vertreiben und Nematoden abtöten. Die Ringelblume verbessert nicht nur den Boden, sie ist auch als Hautheilmittel bei rissiger und spröder Haut zu empfehlen.

Thymian *(Thymus vulgaris)*: Die Erntezeit geht hier von April bis Oktober. Thymian ist eine wichtige Heil- und Gewürzpflanze, ein Frauenkraut und eine Sonnenpflanze. **Er steht für Freude, Ehre, Führung, neue Unternehmungen, Lebenskraft und Wachstum.** In der provenzalischen Küche lässt sich auf diese Pflanze kaum verzichten, und auch als Heilpflanze ist Thymian der reinste Tausendsassa, da es kaum ein Einsatzgebiet gibt, wo er nicht helfen könnte. Seine größte Stärke liegt jedoch in seiner heilsamen Wirkung auf die Atmungsorgane. Als Tee wirkt er aber auch beruhigend auf das Nervensystem, v.a. bei Einschlafstörungen und Albträumen. Früher wurde er bei der Behandlung von Epilepsie eingesetzt und bei Katzenjammer nach ausgedehnten Trinkgelagen. Er wirkt besonders auf das Herzchakra, doch ebenso auf das Sakral- und das Solarplexuschakra. Er hilft uns, uns in angespannten Zeiten zu öffnen, sodass gestaute Energien abfließen können. Thymian ist ein starker Aurareiniger. Indem er in uns sowohl das Luftelement als auch das Wasserelement ins Gleichgewicht zu bringen vermag, unterstützt er all das Schöngeistige der Venus in diesem Monat – Freundschaft, Gerechtigkeit, Harmonie, Hingabe, Liebe, Mitgefühl, Schönheit und Sensibilität. **Sei Licht im Lichtermeer.**

Weinrebe, Weintrauben *(Vitis vinifera):* Die Erntezeit der Blätter ist von Mai bis August, die Lese im Oktober. Weinbeeren hängen in Trauben zusammen, die die Form des Herzens zeigen. Jede Beere sieht dabei aus wie ein Blutkörperchen. Die Heilkräfte von Weintrauben sind seit Jahrtausenden bekannt. Besonders vitalisierend wirken sie auf Herz und Blut. Eine Traubenkur ist sehr heilsam für die Verdauung und den gesamten Stoffwechsel. Sie bringt die Organe in Schwung, beseitigt Darmträgheit und Verstopfung, entwässert, entgiftet und reinigt gleichzeitig die Nieren, die Blase sowie die Harnwege und bindet Fette. Verantwortlich dafür sind ihre milden Fruchtsäuren und Vitalstoffe, die im Fruchtfleisch und in der Schale enthalten sind. Weintrauben werden zu Unrecht als Dickmacher bezeichnet, bestehen sie doch hauptsächlich aus Wasser, Ballaststoffen, vielen Vitaminen und gesundheitsfördernden Pflanzenstoffen. Das Resveratrol stärkt zudem das Immunsystem, und der hohe Traubenzuckergehalt ist in der Lage, die körperliche und geistige Energie schnell aufzufüllen. **Genießen Sie Weinbeeren am besten direkt frisch von der Traube!**

Eine Traubenkur im Herbst, bestehend aus 500 g Weintrauben über den Tag verteilt und 1000 kcal aus anderen Nahrungsmitteln, ist eine gesunde Möglichkeit, Übergewicht loszulassen. Weintrauben werden dem Sakralchakra, dem zweiten Chakra, der Süße und Lieblichkeit des Lebens sowie dem Element Wasser zugeordnet. Das Sakralchakra steht in Resonanz zum Äther- und Emotionalkörper und hilft dabei, Erfahrungen dieser Ebene zu verarbeiten. **Themen der Weinrebe sind das Im-Fluss-Sein mit der (kreativen) Lebensenergie, das Erfahren der (irdischen) Welt, Lebendigsein, Verlangen, Begehren, Lebensfreude, Lust, Sexualität, Kreativität und schöpferische Kraft.**

»ES ATMET MICH« – UND DAFÜR BIN ICH VON GANZEM HERZEN DANKBAR!

Die Hainbuche

BEHARRLICHKEIT · GLEICHGEWICHT IN DER KOMMUNIKATION

Hainbuchen zählen zu den Birkengewächsen. »Hagebuche«, ihr umgangssprachlicher Name, lässt sich auf das Wort »Hag« für Umzäunung zurückführen. Ihre Bezeichnung als »Hainbuche« geht auf den Hain (»kleiner Wald«) zurück. Auch der Begriff »hanebüchen« ist als Anspielung auf ihr derbes, zähes und langsam wachsendes Holz zu verstehen. Hainbuchen finden sich häufig in Gesellschaft mit **Eichen,** Edellaubhölzern und **Buchen.** Als Nebenbäume besteht ihre Hauptaufgabe hier in der Beschattung der Hauptbaumart, damit diese schöne Stämme mit wenig Ästen ausbilden können. Ihr Blütenaufbau zeigt ihre Verwandtschaft zu **Hasel, Birke** und **Erle.**

Hainbuchen-Hecken sind beliebt bei Mensch und Tier, da Hainbuchen ihre Blätter bis ins späte Frühjahr halten und sich dadurch als Wind-, Sicht- und Lärmschutz sowie als Brutplatz für Vögel anbieten. Ökologisch ist ihre Streu sehr wertvoll für Regenwürmer – sie ist deren Lieblingsspeise –, und ihre Flügelnüsse dienen wie die des **Ahorns,** der **Esche** und der **Ulme** Vögeln und Nagetieren als Nahrungsquelle. Unverwechselbar sind ihre »Wellen« in der Stammoberfläche, auch »Spannrückigkeit« oder »Krampfadern« genannt, die aussehen, als ob sich die Wurzeln bis in die Krone fortsetzen würden. Die Hainbuche ist extrem robust und schnittverträglich: Unverdrossen treibt sie immer wieder aus und kann sogar Stockausschläge bilden. Sie nimmt es dem Menschen nicht übel, wenn sie stark zurecht- und zurückgeschnitten wird. Diesem Schicksal musste sie sich v. a. im 18. Jahrhundert beugen, als schnurgerade Hecken, Rechtecke, Quadrate und Kastenformen »in« waren und in den Barockgärten aus ihnen tierische Nachbildungen oder Laubengänge geschnitten wurden. **Das üppige Leben leben und dazu der Gegensatz im Außen.**

Hainbuchen helfen uns Menschen – besonders in Krisenzeiten, wenn wir das Gefühl haben, dass auf unseren Schultern zu viel Verantwortung lastet. **Sie lassen uns wieder weicher werden und lehren uns, zu verteilen und andere um Hilfe zu bitten.** Sie fördern das Gleichgewicht in Verbindungen, unterstützen unsere Kommunikation und fördern unser Gerechtigkeitsempfinden.

Der Oktober-Garten als Spiegel der Seele

Der Oktober ist der Monat der Waage, der Erntedankfeste, der Befreiung und der Erneuerung. Es ist auch die Zeit des Abschiednehmens, des Loslassens der sommerlichen Wärme und der wohlig wärmenden Herbstsonne.

Der chinesischen Fünf-Elemente-Lehre zufolge ist der Herbst die Jahreszeit des Metalls, die Zeit der Kondensation und der Konzentration als Vorbereitung auf die Innenschau, auf die Einkehr der Wintermonate.[18] Auch die altgriechische Kultur beschrieb die Naturgesetze ursprünglich nach den fünf Elementen. Elemente sind Kräfte, die sich gegenseitig im Gleichgewicht halten. Neben Erde, Luft, Wasser und Feuer – den Elementen der abendländischen Kultur, die sich auf eine physikalische Beschreibung beschränken – war darin das so wichtige fünfte Element Geist oder Äther enthalten. Es gab keine Trennung von der nichtstofflichen Welt. Dem Element Metall wird in der Traditionellen Chinesischen Medizin (TCM) die Lunge zugeordnet. Unser Atem, das Ein- und Ausatmen, ist unsere Verbindung zum Universum. Fast alle Kulturen beschreiben dies in ihrem Kern. Unsere Vorfahren lebten respekt- und würdevoll im Ein-

---

18 Siehe Achim Eckert: Das heilende Tao. Die Lehre der fünf Elemente. München 2011.

klang mit den Naturgesetzmäßigkeiten. Sie wussten, dass sich ein Kreis erst schließen kann, wenn wir loslassen können, was gewesen ist (Vergangenheit), damit das Neue (immer nur im Jetzt) geboren werden kann.

Feiern Sie diesen besonderen Monat, der mit dem feurigen Tanz der Vollmondin beginnt und durchwirkt ist von den luftigen, feingeistigen Dimensionen der Liebesgöttin Venus.

Ist die Ernte eingebracht und begreift sich der Mensch als Teil der göttlichen Schöpfung, möchte er seinen Dank für die Früchte der Erde feierlich zum Ausdruck bringen. Im Buch Genesis wird berichtet, dass der Ackerbauer Kain einige Früchte seiner Felder und der Hirte Abel einen Erstling seiner Herde als Opfer darbrachten. Im römischen Kulturkreis ist es die Göttin Ceres, Mutter des Korns und einer reichhaltigen Ernte, und bei den Griechen ihre Schwester, die Göttin Demeter, zu deren Ehren Erntedankfeste gefeiert werden. In Deutschland wurde der erste Sonntag im Oktober als Erntedank festgelegt. Vergleichbare Festivitäten sind der Almabtrieb im Spätherbst in den Bergen, das Fest des Heiligen Michael (29. Sept.) und das Fest des Heiligen Martin (11. Nov.), an dem der neue Wein (die Martinsminne) verkostet werden kann und die Martinsgans in der Röhre brutzelt.

Heilende Gärten
im November

Da in diesem Monat alles ruhiger vor sich geht und es nicht mehr viel im Garten zu tun gibt, möchte ich Sie – einmal anders – mit einer Wortreise inspirieren. Ich möchte Ihnen zeigen, was wir Menschen in der Lage sind, zu erschaffen, wenn wir das Wissen um die Naturgesetze anerkennen: **Wir können unser Schöpfersein auf Erden leben!**

Die Gärten der Alhambra

Die Reise führt uns nach Andalusien, Spanien, an die Costa del Sol. Hier haben Sultane im 13. Jahrhundert auf einem bewaldeten Hügel ca. 150 m über der Stadt Granada ein Paradies auf Erden erschaffen: Die Gärten der Alhambra. Erzählungen zufolge stammt der Name aus dem Arabischen und bedeutet so viel wie »Garten des Architekten«. Gemeint ist Gott als Architekt und Schöpfer des Universums.

Die Schönheit der Natur von Menschenhand erschaffen!

Ursprünglich war die Alhambra im 9. Jahrhundert als maurische Festung erbaut worden. Mit der Sommerresidenz der damaligen Nasriden-Sultane und der herrlichen Alhambra wurde daraus aber ein architektonisches und für die menschlichen Sinne einzigartiges Meisterwerk mit historischen Palästen, romantischen Pavillons, kunstvollen Ornamenten und blühenden Gärten.

Hier galt als paradiesisches Glück, dem Geräusch von fließendem und fallendem Wasser zu lauschen – ist Wasser doch ein Luxus für Menschen, die mit den Bedingungen der Wüste sehr wohl vertraut sind. Die Gartenarchitekten der Alhambra setzten das Wasser großzügig ein, wussten sie doch, dass es in den geometrisch angelegten Wasserpfaden die Luft kühlen und sein sanftes Murmeln und Plätschern die Ohren verwöhnen sowie den Geist in die Ruhe und Ausgeglichenheit einschwingen würde. Sie ließen das Wasser aber nicht direkt auf die Oberfläche sprudeln, um die Teichoberfläche ruhig und spiegelglatt zu halten. Es sind genau diese rechteckigen Wasserbecken, die den Menschen erden, indem sich darin der helle spanische Himmel Andalusiens widerspiegelt, einen Eindruck von Weite und Licht erschaffend. Ein ausgeklügeltes Bewässerungssystem lässt das Wasser zu allen Seiten fließen, erfrischt in der Mittagshitze den Geist seiner Besucher, berührt kühlend die Sandsteine und versorgt die Pflanzen mit Wasser aus scheinbar sprudelnden Quellen und Wasserläufen. Dieses Wissen um Architektur und Landschaftsbaukunst ist einzigartig – und uns leider abhanden gekommen ...

Himmel und Erde, Geist und Materie vermählen sich.

Heute bilden die maurischen Teile der Alhambra zusammen mit den späteren Erweiterungen ein einzigartiges Nebeneinander von unglaublich fein gearbeiteter arabischer Kunst und den eher schweren, geometrischen Linien der Renaissance.

Ihre Schönheit verdankt die Alhambra einer Bautechnik, um die sowohl die Mauren als auch die alten Griechen wussten. Zuerst betrachteten sie einfach bloß den Stein und ließen sich von seiner natürlichen Farbe und Struktur inspirieren. So wurde er Teil eines harmonischen, wohlproportionierten und einfachen Ganzen. Als Nächstes verzierten sie ihre eleganten Konstruktionen. Dabei hatten sie immer die Regel vor Augen, **dass die Konstruktion verziert, die Verzierung aber nie eigens konstruiert werden sollte – das erste Prinzip in der Architektur.** So finden sich überall Textbänder mit kufischen Inschriften, von der Natur inspirierte Blatt- und Rankenmotive, Friese mit geometrischen Figuren u. v. m.

Was für eine Demut, was für eine Liebe im Erschaffen.

Betreten wird die Alhambra durch das Tor der Gerechtigkeit, einem mächtigen hufeisenförmigen Tor. Die für arabische Paläste typische Dekoration ist auch hier aus Stuck (Gips) gefertigt, in die

SCHÖPFE
– WÄHLE – HANDELE!
SEI GNÄDIG MIT DIR
UND ALLEM,
WAS IST, SEI DEI-
NEM WACHSTUM
VERPFLICHTET,
DOCH HALTE ES SANFT,
SPIELERISCH UND
ZÄRTLICH
IN DEINEN HEILENDEN,
HEILIGENDEN HÄNDEN!

Kunsthandwerker Muster hineingraviert haben, die unglaublich fein sind und sich fortwährend wiederholen. So wirken manche Zierbögen wie perfekt symmetrisch angeordnete Stalaktiten aus Tropfsteinhöhlen. Dazu gesellen sich glasierte Keramikstücke, die zu komplizierten geometrischen Mustern und Mosaiken zusammengefügt wurden. Sie schmücken den unteren Bereich der Wände mit lebhaften Farben, die wiederum einen reizvollen Kontrast zum schlichteren Farbton des Stucks darüber bilden. **Ein Fest für alle Sinne!** Und allerorts finden sich diese wundervollen Innenhöfe! Besonders eindrucksvoll ist der Löwenhof, der als wertvollstes und nicht zu reproduzierendes Beispiel arabischer Kunst in Spanien gilt. Vollkommen proportionierte Arkaden umgeben mit ihren schlanken Säulen einen Brunnen, der von zwölf Löwen aus Marmor getragen wird.

Allüberall in diesem blühenden Paradies sind heilige Schlüssel der Erkenntnis verborgen, die uns an unsere wahre Größe, Schönheit und Schöpferkraft erinnern möchten, und an die Liebe, die allem innewohnt. Schauen wir mit den Augen der Liebe, und wir erschaffen mit unseren Händen aus unseren Herzen heraus!

Im 14. Jahrhundert schrieb der maurische Dichter Ibn Zamrak (1333–1393), dass der Hügel auf Granada blicke wie ein Mann, der bewundernd seine Frau betrachte. Was für eine Poesie! Auch der amerikanische Schriftsteller John Irving schwärmte von diesem malerischen Ort, der ein Stück Arabien in dem Süden Europas darstelle. Bei gutem Wetter zeigt sich hinter den Gärten von Alhambra die mächtige Kulisse der Sierra Nevada mit ihren bis zu 3400 m hohen schneebedeckten Gipfeln. Im Jahr 1986 wurden die Gärten der Alhambra zum UNESCO Weltkulturerbe erklärt. Sie gelten als eines der sieben neuen Weltwunder.

Ein Leben ohne Träume ist wie ein Garten ohne Blumen!

Erntezeit in Gottes Garten

Granatapfel *(Punica granatum):* Er steht für Fruchtbarkeit, Liebe und Leben und gilt mit seiner hohen antioxidativen Wirkung, die um ein Vielfaches höher ist als die von grünem Tee, Rotwein, Blaubeer- und Traubensaft, als älteste Heilfrucht der Menschheit. Er hilft bei oxidativem Stress, z. B. bei Arteriosklerose, Fettstoffwechselkrankheiten, und chronisch-entzündlichen Krankheiten wie Rheuma, und insbesondere den Augen (Leber), wenn wir nicht sehen möchten, was wir sehen.[19] Darüber hinaus senkt er die Zuckeraufnahme im Darm und hilft bei Diabetes.

---

19 Gemäß der TCM öffnet sich die Leber in den Augen, sie nährt die Augen und die Sehnen.

Der Granatapfelbaum wird seit Jahrtausenden verehrt, nicht nur in der Bibel, sondern auch im alten Ägypten, wo sich in Grabstätten gezeichnete Hinweise auf den Granatapfel finden lassen. Zeichnungen aus dem 8. Jahrhundert zeigen Eva im Garten Eden mit einem Granatapfel, nicht mit einem Apfel. Der Granatapfel gilt in den verschiedensten Kulturen rund um das Mittelmeer als Frucht der Göttinnen. Bei den Griechen war es die schöne Aphrodite, die einen Granatapfelbaum auf Zypern gepflanzt haben soll, bei den Römern war es die Liebesgöttin Venus und bei den Tunesiern die Fruchtbarkeitsgöttin Tanit. Auch wird der griechischen Göttin Persephone, Tochter der Fruchtbarkeitsgöttin Demeter, eine besondere Beziehung zum Granatapfel nachgesagt. **Der Granatapfel ist ein Symbol für Schönheit, Weiblichkeit, Leidenschaft und Kreativität.** Seine Fruchtkerne in der Farbe von Granatedelsteinen bezeugen Einheit in der Vielheit, Fülle und schöpferische Gestaltungskraft. Wie kann es anders sein, als dass auch der Granatapfel dem Sakralchakra, dem zweiten Chakra, der Sinnlichkeit und Sexualität zugeordnet wird?

Der November-Garten als Spiegel der Seele

Die Zeit der Einkehr und Innenschau beginnt im November, gleich nach Samhain, dem Jahreskreisfest am 31. Oktober, das manchmal als Neujahrsfest der Kelten bezeichnet wird. Die Gartenarbeit ist getan – der Garten und seine Bewohner gehen in Winterruhe. Der Garten, die gesamte Natur, ja, alles bettet sich für den Winter! Aber jeder bereite sich in seinem Tempo auf die anstehende Winterruhe vor.

Je kürzer die Tage werden, desto emsiger wird das geschäftige Treiben. Die Adventszeit rückt näher. Die Lichter in unseren Herzen werden angezündet, sichtbar in den Augen, wenn sie wie Sternenzauber funkeln und sich an dem erfreuen, was sie sehen. Was für ein unglaublich intensives Jahr liegt hinter uns! Es war voller Überraschungen, voller neuer unbekannter Wege, die wir mutig beschritten haben – im Vertrauen auf uns selbst.

Eine heilige Zeitqualität: Im Jahr 2014 begann eine Vierergruppe von Mondfinsternissen, mit einer ersten im April, einer zweiten im Oktober desselben Jahres, einer dritten im April 2015 und einer vierten im September *desselben Jahres. Treten Gruppen von Finsternissen auf, manifestieren sich neue Potenziale in der Schöpfung, die uns ein erweitertes Bewusstsein bescheren. Wir erleben ein anderes Zeitgefühl. Komprimierte Zeiten und gedehnte Zeiten sind keine Einbildungen. Wir erfahren Sinneserweiterungen, wahrnehmbar durch einen intensiveren Geruchssinn und ein sensibleres Gehör. Paranormale Erfahrungen nehmen zu, seien es Schattenfiguren oder flüchtig aufflackernde Bewegungen, die wir gerade noch im Augenwinkel erhaschen – ein neues Gefühl der Transparenz. Es mag beruhigend sein zu wissen, dass wir uns gerade inmitten einer der intensivsten Erneuerungsphasen der neuen Zeit bewegen. Betrachten wir also die Zeit bewusst im Hier und Jetzt als ein göttliches Geschenk – dann ist im Grunde alles möglich. Lauschen wir der Stimme unseres Herzens! Erlauben und akzeptieren wir, was wir in uns selbst und in der Welt sehen, und geben wir uns dem Fluss des Universums hin. Finden wir mit größter Leichtigkeit und einfachsten Mitteln gemeinsame, tragende Lösungen. Synchronizitäten sind heilige Schlüssel der Erkenntnis, die uns Fenster, Türen und Tore für neue Wege eröffnen können.*

Winter

Die Kiefer

EWIGE LIEBE · SEHNSUCHT NACH VOLLKOMMENHEIT

Die paarweise angeordneten, immergrünen und vitalen Nadeln der Kiefer weisen auf Treue, echte Liebe, Eheglück und ein langes Leben hin. **Das reinigende Harz des Baumes duftet nach frischem Leben.** Die weiße lodernde Flamme im Weihnachtsscheit symbolisiert das ewige Leben. Oft wächst die Kiefer auf Felsen, wo sie sich mutig festhält, ihrer kargen Umgebung trotzt und selbst hier Nahrung findet.

Es ist ihre Kraft, die uns dabei hilft, Lebenskrisen intuitiv zu meistern. Die Kiefer führt uns zu einer gesunden Zentrierung unserer Kräfte. Dabei geht es aber nicht um das Streben, sich in den Mittelpunkt zu stellen, sondern um die Anteilnahme und das Verständnis für andere. **Trauer verwandelt sie in Gnade. Sind die Engel der Gnade an unserer Seite, dürfen wir darauf vertrauen, dass wir gemeinsam den Weg aus der Trauer zurück ins Leben finden.** Dieser Baum lehrt uns die Schwingungen großer Demut und innerer Bescheidenheit. So lautet ein Gedicht:

TANZE IM FEUER DAS
WUNDER DES LEBENS!

FLIESSE MIT DEM
WASSER IN DIE TIEFE
DEINER TRÄUME!

ATME IM WIND DIE WEITE
DES HIMMELS!

WACHSE IN DIE ERDE ZUR
QUELLE DEINER KRÄFTE!

Indianische Weisheit

Die Kiefer unterstützt unseren Körper bei Ausleitungsprozessen und wirkt dabei stark entgiftend. Dies hat wiederum einen positiven Effekt auf Knochen, Gelenke, Sehnen und Zähne. Gedämpfte Kiefernsprossen sind hilfreich bei Husten und Heiserkeit.

Heilende Gärten im Dezember

Stauden · Blumen · Rabatten

Wer jetzt in den Garten schaut, freut sich über die feinen Spinnennetze zwischen Gräsern und Samenstängeln, in denen sich morgens die Tautropfen sammeln. **Christrosen** (*Helleborus niger)* öffnen meist kurz nach Weihnachten ihre Blüten. Diese kalkliebenden immergrünen Stauden brauchen in der Blüte im Winter mehr Feuchtigkeit als während ihrer Vegetationsperiode im Sommer. Sie lieben die Nordseite und wachsen gern an Schatten- oder Halbschattenplätzen, wo sie im Winter von der Sonne beschienen werden. In trockenen Wintern sollten Sie sie vorsorglich gießen, v. a., wenn sie im Wurzelbereich von Bäumen stehen, wo wenig Wasser hinkommt.

Winterschutz für Gräser

Gräser wie **Chinaschilf, Federborstengras** oder **Rutenhirse** entfalten ihre volle Pracht in den Herbst- und Wintermonaten. Uns verzaubert der glitzernde Raureif an ihren Samenständen. Sie bieten Winterschutz bei Frost und Kälte und für Vögel eine willkommene Nahrungsquelle.

Ziergräser werden am besten erst im Frühjahr zurückgeschnitten, wenn sie anfangen, auszutreiben. Für einen guten Nässe- und Kälteschutz sollten Sie die trockenen Halme aber zu Büscheln zusammenbinden. Noppenfolie kann zusätzlich als Isolierung dienen. Eines der beliebtesten Ziergräser ist das **Pampasgras** (*Cortaderia selloana).* Es ist jedoch nicht zuverlässig winterhart: Die Winternässe lässt das Herz des Grases leicht verfaulen, weswegen die Halme zu einem Schopf zusammengebunden werden sollten, sodass das Wasser außen ablaufen kann. Sind sehr kalte Winter im Anmarsch, ist der Fuß des Grases zusätzlich mit trockenem Laub und Reisig zu bedecken. Im Frühjahr wird das Gras knapp über dem Boden abgeschnitten.

Zu Silvester wird gern blühender **Glücksklee** *(Oxalis deppei)* verschenkt. Damit er nicht auf der Fensterbank eingeht, kann er als Unterpflanzung für große Kübelpflanzen dienen. Dieser genügsame Mitbewoh-

ner macht ihnen weder Wasser noch Nährstoffe streitig und bildet mit der Zeit auf der Ballenoberfläche einen dichten grünen Rasen, der das Wurzelwerk der Kübelpflanze vor zu starken Temperaturschwankungen und Wasserverlust schützt.

Der Obstgarten

Kurz vor Jahresende ist eine Verjüngungskur für **Apfel-** oder **Birnbäume** zu empfehlen, die kaum noch Blüten und Früchte tragen. Im Dezember werden auf Höhe der äußeren Krone rings um den Baum herum an drei oder vier Stellen 1 bis 1,5 m lange Gräben ausgehoben und alle Wurzeln bis in 50 cm Tiefe konsequent gekappt. Danach werden die Gräben wieder mit reifem Kompost befüllt. Sinnvoll ist auch das Ausbringen von ein paar Handvoll Algenkalk im gesamten Kronenbereich. Der Baum bildet an den verletzten Wurzeln neue, dichte Wurzelbüschel und kann so im nächsten Jahr mehr Wasser und Nährstoffe aufnehmen. Nach dieser Wurzelkur bilden die Obstbäume mehr Blüten und tragen deutlich mehr Früchte.

Das Pflanzen von Obstgehölzen ist bei mildem Wetter auch im Dezember möglich. Selbst wurzelnackte Bäume und Sträucher können noch in die Erde gebracht werden. Vor dem Pflanzen sollten Sie die Wurzeln anschneiden und ein paar Handvoll Hornspäne mit ins Pflanzloch geben.

Weißanstrich zur Vorbeugung von Frostrissen

Nach klaren, frostigen Nächten kann es passieren, dass die Rinde von Obstbäumen oder Hochstämmchen, auf denen Beerenobst veredelt wurde,

aufgrund temperaturbedingter Spannungen im Holz aufplatzt, sobald die Wintersonne auf den Stamm scheint. Typische Frostrisse verlaufen oft senkrecht zum Stamm. Ein lichtreflektierender weißer Kalkanstrich kann hier Abhilfe schaffen. Verrühren Sie auf 10 l Wasser 2 bis 2,5 kg Branntkalk. Noch besser wäre ein biologischer Stammanstrich mit pflanzenstärkenden Mineralien und Kräuterextrakten. Für den Anstrich entfernen Sie vorab lockere Rindenteile mit einer Drahtbürste und warten frostfreies, trockenes Wetter ab.

Einwintern der Gartengeräte

Alle Gartengeräte und -maschinen sollten im Winter trocken und bei möglichst niedriger Luftfeuchtigkeit gelagert werden. Das Einwintern von Spaten, Hacken u. a. Handgeräten für die Bodenbearbeitung erfolgt nach einer gründlichen Reinigung, z. B. mit Wasser, Stahlwolle, Schmirgelpapier oder einer Stahlbürste für den Flugrost. Entgraten[20] Sie anschließend die Schneiden mit einer Feile und reiben Sie alle Metallteile mit umweltverträglichem Leinöl oder Ballistol-Universalöl ein.

Es ist ein guter Rostschutz. Rasenmäher, elektrische Heckenscheren, Gartenhäcksler und andere Motorgeräte werden ebenfalls gründlich gereinigt. Befüllen Sie den Tank Ihrer Benzingeräte bis zum oberen Rand, schließen Sie den Benzinhahn, und lassen Sie die Geräte so lange laufen, bis der Motor wegen Kraftstoffmangel abstirbt. Auf diese Weise wird der Vergaser entleert und kann während der Winterpause nicht verharzen. Vor der Inbetriebnahme im nächsten Frühjahr ist bei Benzingeräten ein Ölwechsel wichtig.

Erntezeit in Gottes Garten

Apfel *(Malus spp., Rosaceae):* Venuspflanze, Zauberpflanze, Heil- und Liebespflanze – in allen Kulturen hochgeschätzt. **»An apple a day keeps the doctor away.«** Dieser bekannte Spruch, oder wie er im Deutschen heißt: »Ein Apfel am Tag und der Dok-

20 Beim Schleifen können scharfe Kanten, Grate entstehen, die entfernt werden müssen.

tor ist gespart«, weist auf die gesunden Wirkstoffe von Äpfeln hin. Der Apfel gilt als Blutreinigungsmittel und besonderer Vitaminspender im Winter, ist stoffwechselanregend und hat sich bei Rheuma, Leber- und Nierenkrankheiten, Gicht, Arterienverkalkungen, Fettleibigkeit und Hautkrankheiten bewährt. Apfelschalentee wirkt zudem bei Nervosität und geistiger Erschöpfung.

Äpfel regulieren die Verdauung. Gerieben und mit Schale und Kerngehäuse verzehrt wirken sie bei starkem Durchfall stopfend. Bei Verstopfung sollten sie im Ganzen mit ganzem Kerngehäuse gegessen werden. Als besonders abführend gelten gekochte Äpfel. Ein Apfel vor dem Zubettgehen gegessen, fördert einen gesunden Schlaf, während er nüchtern am Morgen verzehrt bei Stuhlträgheit und Schwangerschaftsübelkeit hilft. Schon zwei Äpfel pro Tag dienen dem Herz-Kreislaufsystem auf wundervolle Weise. Äpfel zusammen mit Honig gebraten sind das Mittel der Wahl bei Heiserkeit. Aufgrund seiner Fruchtsäuren, seinem Fruchtfleisch und seiner Schale gilt der Apfel auch als »Zahnbürste« für zwischendurch. Aus geriebenen Äpfeln werden Schönheitsmasken hergestellt, aber auch Wickel, die bei rheumatischen Beschwerden Linderung verschaffen können: akut – kalte Wickel, chronisch – warme Wickel. Sie helfen auch bei Kopfschuppen (Nieren)[21].

Apfelmost ist ein Heilmittel, das bei der alkoholischen Gärung von frischem Apfelsaft entsteht. Er kann noch mehr leisten als der pure Apfel,

21 Das, was die Nieren nicht mehr ausscheiden können, steigt nach oben. Dem Funktionskreis Niere werden auch die Kopfhaare zugeordnet.

da er Fette aufspalten, abbauen und krebserregende Stoffe in geräucherten Speisen neutralisieren kann. Ähnlich wie der **Quittenduft** (siehe »Die Quitte«, S. 147) kann der pure Apfelduft Erstaunliches bewirken. Dem deutschen Dichter Friedrich Schiller (1759–1805) diente der Geruch eines angefaulten Apfels in seiner Schreibtischschublade zu höchsten literarischen Inspirationen.

Der Apfel ist ein grosser Reiniger auf der körperlichen Ebene.

Äpfel halten den Menschen bis ins hohe Alter hinein dynamisch und vital. Die Staatsmänner Napoleon Bonaparte (1769–1821), Otto von Bismarck (1815–1898) und Winston Churchill (1874–1965) sollen täglich eine große Menge an Äpfeln verzehrt haben.

Die Blütenessenz »Crab Apple« steht in der Bachblütentherapie für Selbstliebe und Reinigung und hilft uns, unseren Körper und unser Aussehen zu akzeptieren. Dies kann besonders in der Pubertät wichtig sein – und wenn dem gängigen »Schönheitsideal« im Außen zu viel Bedeutung beigemessen wird.

Barbarazweige am 4. Dezember schneiden

Die heilige Barbara, die im 3. Jahrhundert in Nikomedia in Kleinasien lebte, gilt als Schutzpatronin der Bergleute. Eine Legende erzählt, dass sich ein **Kirschzweig** in ihrem Kleid verfangen hatte, bevor sie von ihrem Vater, dem ihre Hinwendung zum Christentum ein Dorn im Auge war, eingesperrt wurde.

NIE IST DIE »BLAUE STUNDE« SCHÖNER ALS IM DEZEMBER, WENN'S DRAUSSEN GESCHNEIT HAT, DIE ENGEL IM HIMMEL PLÄTZCHEN BACKEN UND DAS ABENDLICHT AUF DEN SCHNEE FÄLLT. DAS SIND DIESE GANZ BESONDEREN MOMENTE IM TRUBEL DER ZEIT ...

TANZE IM LICHTERMEER! ÖFFNE DEIN HERZ! VERSPRÜHE LICHTERFUNKEN AUF ERDEN!

Diesen Zweig versorgte sie während ihrer Gefangenschaft mit Wasser aus ihrem Trinkgefäß. Am Tage ihrer Verurteilung zum Tode blühte der Zweig auf. Da wusste sie, dass sie nach ihrem Tode zu neuem Leben »erblühen« würde. Daraus entstand der Brauch, an ihrem Namenstag einen Kirschzweig in die warme Wohnung zu stellen. **Apfel-, Birken-, Forsythien-, Haselnuss-, Holunder-, Kastanien-, Mandel-, Pflaumen-, Rotdorn-, Schlehen-** oder **Zaubernusszweige** gehen natürlich auch. Blüht der Zweig zu Weihnachten auf, wird dies als gutes Zeichen gewertet. Aus der Anzahl der Blüten soll sich auf die Fruchtbarkeit und das Wetter des darauffolgenden Jahres schließen lassen.

Mistelzweige im Garten

Wer **Misteln** im eigenen Garten ernten möchte, kann Mistelbeeren in die Astgabeln eines **Apfelbaumes** einpflanzen. Beste Keimbedingungen bieten Stellen, die mit Flechten bewachsen sind. Mit ein wenig Geduld, können in acht bis zehn Jahren erste Zweige geerntet werden.

Weidenruten

Entlang von Flüssen und Bächen werden von November bis Februar wieder

Kopfweiden geschnitten. Fragen Sie bei Gemeinden und Umweltschutzverbänden an, ob Schnittaktionen geplant sind, denn in der Regel ist immer Bedarf an fleißigen Helfern. Weidenruten eigenen sich hervorragend für Schwitzhütten und Indianertipi oder als schmückende Gartenelemente.

Heilige Zeit

Der Dezember steht ganz unter dem Einfluss der Wintersonnenwende (siehe auch S. 33). Die Tage zwischen der Wintersonnenwende und Weihnachten – dem Familienfest der Gaben mit dem Lichterbaum als immergrünem Weltenbaum –, die Tage vor Silvester und dem Dreikönigstag stecken voller Wunder und Geheimnisse. **Symbolisch gesehen verkünden die sternenkundigen Könige aus dem Morgenland weise Gelehrsamkeit und das Erkennen der Zeichen in der äußeren Natur.**

Die Zeder

IMMERGRÜNE DAUERHAFTIGKEIT · BAUM DER ERLEUCHTETEN

Die Zeder gilt in vielen Kulturen als Baum Gottes. Schon allein ihre Größe zeigt ihre Verbundenheit zum Himmel. **Sie fördert in uns das Glück, verhilft uns zu Mut, Ausdauer, Ehrenhaftigkeit und Wohlstand und dient uns als Schutz, wenn wir sie darum bitten.** In Büchern über Volksmedizin wird über die hochwirksamen Heilkräfte aller Teile der Zeder berichtet. Im Alten Testament lehrt Gott Moses, wie ein Kranker mit Zedernholz zu behandeln sei (3. Buch Mose, Leviticus 14,4). König Salomon ließ einen Tempel aus Zedernholz errichten. Die Zeder vermittelt uns Menschen Ausdauer und Tiefe. Gekautes Zedernharz schenkt

Selbstvertrauen. Anastasia[22] sagt, dass Gold im Vergleich zu einem Stück Zeder reiner Klimbim sei: Mit ihren Millionen von Nadeln empfängt und speichert die Zeder Tag und Nacht das ganze Spektrum an lichter Energie. Im Laufe ihres Lebens bewegt sie sich über alle Himmelskörper hinweg, die diese Lichtenergie reflektieren. Selbst ein kleines Stückchen Zeder enthält mehr dem Menschen wohltuende Energie als alle von Menschenhand geschaffenen Energieanlagen auf der Erde zusammen. Nach 550 Jahren beginnt sie, so Anastasia, zu klingen, und bittet mit ihrem Klang darum, abgesägt zu werden, damit sie ihre gespeicherte Energie unmittelbar an den Menschen abgeben kann. Wird sie innerhalb von drei Jahren aber nicht von Menschen berührt, beginnt sie nach dieser Zeit, die Energie in sich zu verbrennen. Dieses qualvolle Sterben durch Selbstverbrennung dauert 27 Jahre.[23]

22 Vor ein paar Jahren sind mir wie zufällig Bücher von Anastasia in die Hände gefallen. Anastasia wird als Botschafterin eines uralten Volkes beschrieben, das noch im Besitz jener paranormalen Kräfte ist, die der moderne Mensch heute weitestgehend verloren hat. Über die Geschichte dieser jungen Einsiedlerin erhält der Leser Einblicke in die Themen Gesundheit, Herkunft und Zukunft des Menschen, kosmische Heilkraft, göttliche Naturverbundenheit, die Ursache von Krankheit und deren Heil(i-g)ung und Weltpolitik. Über all diese Themen weiß die Einsiedlerin aus Sibirien einiges zu erzählen! Ich war und bin so tief berührt von ihren Büchern, dass ich Ihnen die Bücher von Wladimir Megre ans Herz legen möchte: Anastasia I, Tochter der Taiga und Anastasia II, Die klingenden Zedern Russlands.

23 Mehr zu diesen Gedanken finden Sie in: Wladimir Megre: Anastasia II, Die klingenden Zedern Russlands, Zürich 2010.

Der Dezember-Garten als Spiegel der Seele

Der Winter hält Einzug ins Land. Erste Schneeflöckchen, Weißröckchen … wurden gesichtet – zunächst verspielt und federleicht am Himmel, dann ganz sanft und leise tanzend in den Schoß von Mutter Erde fallend, Himmel und Erde vermählend, das ewige Licht in unseren heiligen Herzen zum Strahlen bringend.

Im Garten findet sich eine ganz besondere Atmosphäre, wenn nach einem leichten Schneefall die Landschaft wie mit Puderzucker bestäubt die Fantasie erblühen lässt. Der Garten im Dezember ist auf Winterruhe eingestellt. Der Staudengarten ist, wo es guttut, mit Tannenzweigen o.Ä. zugedeckt und in gute Erde gebettet, frostempfindliche Rosen sind in Laub und Vlies eingehüllt, Kräuter wie Rosmarin und Lorbeer sind an frostgeschützte Stellen gebracht. Letzte Blumenzwiebeln können aber noch gesteckt werden. Doch bitte seien Sie nicht zu eifrig, indem sie das ganze Laub aus den Rabatten kehren: Es dient Pflanzen und Tieren als Winterdecke, Unterschlupf und Nahrungsquelle.

Heilende Gärten im Januar

Winterzeit

Der Garten trägt nun sein Winterkleid. Im Winter erleben wir ihn meistens vom Fenster aus. Nun ist die Zeit der Winterblüher. Schon unsere Vorfahren gingen mit Hoffnung und Zuversicht ins neue Jahr, wenn in milden Wintern ab Ende Januar die »Kätzchen« des **Haselstrauches** *(Corylus avellana)* blühten und damit den Vorfrühling einläuteten. Die Hasel gilt als Sinnbild des Lebens und der Fruchtbarkeit – sie ist Glücksbringer und Wunscherfüller. Haselblütenkätzchentee entlastet die Nieren, indem er den Schweiß austreibt. Leider sind viele Menschen auf Haselnusspollen allergisch. Pollenallergien sind heutzutage nur ein Hinweis darauf, wie sehr sich der Mensch von der Natur abgewendet hat.

Stauden · Blumen · Rabatten

Wer achtsam ist, kann im Staudengarten einstweilen erkennen, dass die Eiskönigin mit ihrem Schlitten und ihren prächtigen Schimmeln durch den Garten galoppiert ist. An Frosttagen lässt sich diese Magie in stillen Momenten erspüren. Selbst die **Wildrosen** mit ihren herrlichen Hagebutten in Rot- und Orangetönen leuchten an diesen Wintertagen besonders auf – umgeben von magisch funkelnden Lichtkristallen aus Eis. Die »Lampions« der **Lampionblume** zeigen feinste Spitzenmuster, und es sind die Gräser, die jetzt im Winter mit bizarren Formen und Kunstwerken aus gefrorenem Licht eine stimmungsvolle Landschaft zaubern. Graublauer **Lavendel** und vereiste **Buchsbäume** verleihen dem Garten Struktur **– sie geben uns das tiefe Vertrauen, dass das nächste Frühjahr ganz bald kommen wird. Christrosen** und ihre Verwandten, die **Lenzrosen,** zelebrieren nun ihren großen Auftritt.

Winterlinge *(Eranthis hyemalis)* gehören mit zu den ersten Frühlingsboten, die mit ihren kleinen gelben Schalenblüten zu den schönsten Winterblühern zählen. Sie bilden auf humusreichen Böden unter Bäumen und Sträuchern dichte Teppiche aus. Wenn diese kleinen Vorfrühlingsblüher im Winter eingesetzt werden, können sie im Sommer ruhen, wenn die Laubkronen ihre Schatten werfen. Sie lassen sich am besten nach der Blüte im Garten ansiedeln und vermehren. Den Boden sollten Sie vorher gründlich lockern und beim Pflanzen reichlich Lauberde oder Kompost einarbeiten. Winterlinge wie klassische Blumenzwiebeln im Herbst in die Erde zu bringen, ist schwieriger, denn die Pflanzen besitzen keine richtigen Zwiebeln, sondern unterirdische Rhizome, die bei Lagerung schnell austrocknen können. Dann stehen die Chancen gut, dass sich die Pflänzchen durch Selbstaussaat und Bildung von Brutknollen reichlich ausbreiten. Sie mögen keine Staunässe und lange Trockenheit.

Der Obstgarten

Bei Temperaturen über 5°C können Obstbäume weiterhin geschnitten werden, v.a. Kernobstgewächse wie **Äpfel-** und **Birnbäume.** Fruchtmumien an Obstbäumen sind Überwinterungsquartiere der Monilia-Fruchtfäule. Diese beim Winterschnitt gleich mit entfernen!

Obstbaumkrebs ist zu erkennen an verdickten und vertrockneten Aststellen, verursacht durch den Pilz *Nectria galligena,* der meist im Spätherbst oder Winter über Wunden und Knospen eindringt und das Rindengewebe zerstört. Bei dickeren Ästen wird die befallene Rindenpartie bis ins gesunde Holz hinein herausgeschnitten, kleinere infizierte Äste werden ganz abgeschnitten. Prüfen Sie, ob Störfelder aktiv sind, auch zu erkennen an Zeigerpflanzen (siehe S. 207). Als besonders wirksam bei der Kräuselkrankheit an **Pfirsichen** und **Aprikosen,** für die der Pilz *Taphrina deformans* verantwortlich ist, haben sich biologische Pflanzenstärkungsmittel erwiesen. Die Infektion der Blätter erfolgt bereits im zeitigen Frühjahr, sobald die Knospen anschwellen. In milden Wintern ist eine

erste Behandlung ab Januar zu empfehlen. Später im Jahr, wenn **Ackerschachtelhalmkraut** zur Verfügung steht, wirkt eine Brühe aus diesem Kraut vorbeugend, indem es das Immunsystem des Baumes stärkt. Noch besser ist es, gleich nach dem Austrieb im Frühjahr Eierschalen in Aprikosen- und Pfirsichbäume zu hängen – ein altbewährtes Mittel, das mir meine Cousine aus ihrem Frankreichurlaub mitgebracht hat (siehe S. 89).

Schwarze Johannisbeeren und **Jostabeeren** können im Winter umgepflanzt werden. Dafür wird der Wurzelballen mit dem Spaten großzügig ausgehoben und mit einem verrottbaren Ballentuch umwickelt. Bei schweren Böden sollte zuerst das Pflanzloch ca. 10 cm hoch mit Kompost gefüllt werden. Anschließend gilt es, den Strauch samt Ballentuch einzusetzen und dann rundherum das Loch mit Erde aufzufüllen. Vergessen Sie nicht, das Ballentuch zu öffnen. Nach dem Einpflanzen und Angießen des Strauches decken Sie die Pflanzstelle mit Kompost und Laub ab – das tut diesen Flachwurzlern gut. Gallmilben an Schwarzen Johannisbeeren sind an den aufgeblähten Knospen erkennbar. Diese können jetzt ausgebrochen werden.

Wer die Möglichkeit hat, den Winterschnitt zu häckseln, um ihn anschließend zu mulchen, sollte diese Arbeit nicht auf die lange Bank schieben, denn je länger das Holz liegen bleibt, desto härter wird es. Sind Äste durch Pilze abgestorben, ist einer Neuinfektion durch Sporen durch Aussortieren dieser Äste vorzubeugen. Wichtig: Vor dem Mulchen (bis zu 5 cm Dicke) eine Handvoll Hornspäne pro m^2 auf die Erde ausbringen.

»Von wegen Unkraut!« und andere Irrtümer

Im Gegensatz zur landläufigen Meinung sind **Flechten** keine Pflanzenschädlinge. Die Baumrinde dient ihnen nur als Siedlungsfläche. Diese Symbiose aus Algen und Pilzen findet sich v. a. auf Bäumen, die sich nicht mehr verändern bzw. kaum noch wachsen. Bei relativ jungen Bäumen mit Flechtenbefall ist daher zu prüfen, ob sie unter Nährstoffmangel oder Bodenverdichtungen leiden. Abhilfe schafft meist eine Düngung mit etwa 50 g Hornspäne pro m^2, oder das Umpflanzen an einen neuen Standort mit besseren Bedingungen. Probieren Sie es einfach aus!

Die durch einen Pilz verursachte Rotpustelkrankheit ist an Bäumen und Sträuchern anhand der orangefarbenen pustelähnlichen Fruchtkörper (Sporenbehälter) auf der Rinde erkennbar. Der Pilz ist sozusagen ein Schwächeparasit, der sich an der Zersetzung von totem Holz beteiligt. In diesem Sinne ein wichtiger Bestandteil im biologischen Kreislauf.

Das Rückgrat des Gartens – Hecken und Gehölze

Bei den Winterblühern unter den Gehölzen zeigt sich der unglaubliche Einfallsreichtum der Natur. Um Insekten für die Bestäubung anzulocken, verströmen Gehölze wie die **Mahonie,** der **Schneeball** oder die **Zaubernuss** neben ihrer schönen Blütenfarbe einen bezaubernden Duft als zusätzliches Lockmittel. Doch nicht alle duften.

Bei der Zaubernuss sind es Sorten wie »Pallida« und »Feuerzauber« die wunderbar riechen. Die **Winter-Heckenkirsche** *(Lonicera x purpusii),* auch »Geißblatt« genannt, ist ein dicht verzweigter, aufrecht wachsender Strauch, der auch mitten im Winter blüht. Die rahmweißen Blüten öffnen sich gewöhnlich ab Februar und duften angenehm. Bei milder Witterung können schon ab Dezember einzelne Blüten erscheinen und so Farbe in den Garten bringen. Ende Februar folgt dann ein weiterer Dufthöhepunkt mit **Daphne,** dem Seidelbast, und den eher seltenen **Schneeforsythien.** Der Januar ist ein guter Schnittzeitpunkt für den **Schling-Knöterich** *(Fallopia).* Er wird auch gern »Architektentrost« genannt, bildet er innerhalb eines Jahres leicht mehrere Meter lange Triebe, die an Hauswänden hoch bis auf die Dächer wachsen. Um diese Kletterpflanze zu bändigen, wird sie auf mehrere 1m lange Haupttriebe zurückgeschnitten.

Erntezeit in Gottes Garten

Gänseblümchen *(Bellis perennis):* Marienblume, Sonnentürchen, Tausendschön. Ein Vitamin-C-Lieferant, der in milden Wintern das ganze Jahr verfügbar ist. Bellis wird schon seit Jahrhunderten in der Naturheilkunde bei hohem Blutdruck, Gicht, Hautproblemen, Leber- und Nierenleiden, Rheuma und Verstopfung eingesetzt. Äußerlich angewendet, hilft es bei Gliederschmerzen – seien sie rheumatischer Natur oder aufgrund von Verletzungen. Gänseblümchen gelten allgemein als Glücksbringer. So sollen sie am Mittsommertag (24. Juni) um

zwölf Uhr mittags gepflückt werden. Es heißt auch, wer die ersten drei Gänseblümchen findet und sie mit dem Mund pflückt, bleibt das ganze Jahr über gesund. Die keltische Mythologie beschreibt das Gänseblümchen als Wachstumsmittel. Harry Potter verwendet Gänseblümchenwurzeln, gut zerkleinert, als Zutat für den »Schrumpftrank«. In der Küche findet es auch heute noch Verwendung als Kapernersatz. Die Blüten schmecken leicht scharf und eignen sich hervorragend als Belag für das Butterbrot oder als gesunde, hübsche Salatbeigabe.

Das Gänseblümchen ist ein Symbol für Reinheit und kindliche Unschuld. Es hilft dem Menschen, wenn er den Wald vor lauter Bäumen nicht mehr sieht. **Gänseblümchenessenz vereinfacht das Denken und ist nicht nur für den analytischen Verstand gut, sondern sorgt auch für einen spirituellen Durchblick.** Es wird dem Stirnchakra zugeordnet. Bei Sonnenschein zeigt es sich mit weit geöffneten Blüten als Lichtfänger, nachts und bei Regen schließt es sich und senkt sein Köpfchen.

Luzerne *(Medicago sativa):* Sie sind beliebte Sprossen für die Rohkostküche. Der arabische Name der Luzerne *Alfalfa* bedeutet »Vater aller Nahrung«. Die Luzerne bindet wie alle Hülsenfrüchtler den Stickstoff aus der Luft und reichert so den Boden mit Nährstoffen an. Sie ist eine wertvolle Nahrung für Menschen, Tiere und Böden. Zudem enthält sie pflanzliche Hormone, die auf natürliche Weise bei Wechseljahresbeschwerden helfen.

Räucherwerk in den Rauhnächten

Angelikawurzel *(Angelica archangelica):* Sie wird auch »Engelwurz« genannt und kann jetzt gut zum Räuchern verwendet werden – am besten zusammen mit Räuchermischungen oder gesegnetem, weißem **Salbei** wie am Neujahrstag. Engelwurz ist der Sonne, aber auch Jupiter, dem Glücksplaneten, der Optimismus und

Großherzigkeit ausstrahlt, zugeordnet. 2015 ist das Jahr des Jupiters und steht so im Zeichen von Licht und Großzügigkeit. Engelwurz wird dem Stirnchakra, dem Dritten Auge, zugeordnet. **Der aromatische Rauch wirkt erhellend und erhebt uns förmlich in höhere Bewusstseinsebenen, weckt er doch die Freude in uns und öffnet die Tore zu Inner- bzw. Anderswelten.**

Der Haselnussstrauch

BAUM DER WÜNSCHE · WEISHEIT · FRUCHTBARKEIT

Es wird gesagt, dass in Haselsträucher kein Blitz einschlägt, da sie tief mit allen Elementen verwurzelt sind. Sie sind ausgesprochen gute Leiter für Energieströme, ziehen Erdstrahlen an und wirken wie Blitzableiter. **Holunder-** und Haselsträucher fehlten früher in keinem Garten! Bei den Kelten zählte die Haselnuss zu den sieben heiligen Bäumen. Sie, wie auch die Germanen, sprachen dem Haselnussstrauch eine weissagende Kraft zu. Die elastischen Haselnusszweige werden von alters her als Wünschelruten verwendet. Sie lassen Wasseradern, positive und negative Energiefelder auf der Erde, Metalle und geheimnisvolle Schätze und Verlorenes erspüren. **Die Energie der Haselnuss bringt den Menschen zurück in Einklang mit seinem natürlichen Biorhythmus, lindert den Kontrollzwang, erlaubt einem stattdessen die Freiheit, auch einmal schwach sein zu dürfen.** Die blühenden Kätzchen verströmen Fröhlichkeit und Aufbruchsstimmung, eben die pure Lebenslust! Kein Wunder, dass der Haselnussstrauch zu den fröhlichen Birkengewächsen gehört.[24] Marion Leigh aus Schottland schreibt in ihrem Text über die Findhorn-Blütenessenz »Hazel«: **»Wir entdecken die Freude und Glückseligkeit, wenn wir uns der Reise ins Unbekannte anvertrauen.«**[25]

24 Weiteres über die Magie der Hasel berichtet Wolf-Dieter Storl auf Mystica.tv: Wolf-Dieter Storl – Die Hasel.

25 Mehr zu diesem Thema in: Marion Leigh: Die Findhorn-Blütenessenzen. München 1999.

Der Januar-Garten als Spiegel der Seele

Mit funkelndem Sternenfeuer über den Metropolen der Welt wurde das neue Jahr zu Silvester begrüßt. Wieder erstrahlten leuchtende Augen in Ehrfurcht vor dem Licht. Ich wünsche Ihnen ein gesegnetes, mit Freude erfülltes Neues Jahr mit Licht auf all Ihren Wegen!

Wie großartig können Freude und Glück sein, wenn wir gemeinsam das Licht in uns und auf Mutter Erde ausweiten und gesunde Taten vollbringen? Mit ein bisschen Fantasie lässt sich aus dem Wort »großartig« auch das lateinische Wort art *für Kunst herauslesen.*

Wie wundervoll, dieses Licht im Lichtermeer …

Zum Jahreswechsel, inmitten der Rauhnächte, ziehen wir gern Bilanz: Was war gut im vergangenen Jahr? Was habe ich auf die lange Bank geschoben? Was will ich im neuen Jahr besser machen? Es ist die Zeit der vielen guten Vorsätze. Einer davon ist, lange Spaziergänge an der frischen Luft zu machen, die für gute Einfälle sehr bewegend sein können. Das Tageslicht ist Taktgeber für unseren Tag-und-Nacht-Rhythmus – für unsere innere Uhr. Also runter vom Sofa, raus in die Natur und den Vitamin-D-Speicher (wichtig für Knochenhärte und Muskelkraft) im natürlichen Sonnenlicht auftanken!

Folge deinem Herzen – Coming Home …

Angekommen in 2015 = 8, dem Jupiterjahr! Die spirituelle Bedeutung der Acht ist die Verbindung von Himmel und Erde. Jetzt begegnen sich viele machtvolle Seelenflammen in Freiheit neu – machtvoll im Sinne von Ermächtigung und Schöpferkraft. Es sind diese wundervollen, starken, großherzigen Seelen, die sich ihrer Verantwortung und ihres Tuns wohl bewusst sind, viele Prüfungen gemeistert haben, die gemeinsam wachsen und Universen erkunden wollen … Seien Sie, wann immer Sie können, angstfrei und zweifelsfrei. Achten Sie auf Zeitfenster, die himmlischen Sternenzauber versprühen … *Erkennen Sie sich in sich selbst!*

Heilende Gärten im Februar

Mitten im Winter!

Der Winterschutz bleibt noch auf den Beeten, denn auch wenn die Frühjahrsblüher schon in den Startlöchern sitzen, ist der Winter noch nicht vorbei. Immergrüne Pflanzen wie **Rhododendron** und der **Kirschlorbeer** sollten gewässert werden, wenn die Bodendecke gefroren ist. Mit dem Rosenschnitt gilt es noch zu warten. Es ist erst Februar, und wie schon so oft erlebt kehrt der Winter zurück und bleibt gefühlt viel zu lange. Schön ist es, wenn sich eine weiße Schneedecke wie eine Bettdecke über das Land legt und das Leben darunter schützt, denn so manches Mal fegt Väterchen Frost noch eisig über das Land.

Stauden und Ziergräser

Das Abschneiden der Blütenstände vom Vorjahr hat noch Zeit. **Lavendel** kann Ende Februar gestutzt werden. Wie ist die Wetterprognose? Was zeigen die Pflanzen an? Hohe Ziergräser sollten, wenn nicht schon geschehen, zusammengebunden werden, damit die Mitte geschützt bleibt (siehe S. 177).

Der Obstgarten

Jetzt ist Hochsaison für den Winterschnitt der Obstbäume – egal, ob **Apfel, Birne, Kirsche oder Zwetschen,** bei allen gilt es, kranke und abgestorbene Triebe fachgerecht bis ins gesunde Holz zurückzuschneiden und die Statik zu überprüfen. Bei größeren Korrekturen schneiden Sie weniger in der Peripherie, sondern Sie schauen nach Ästen, die weiter aus der Mitte heraus gekürzt werden können, am besten an einer Verzweigung bzw. dort, wo eine Ableitung möglich ist. Und wichtig: Nicht bei Temperaturen unter –5°C schneiden! Bei Beerensträuchern wie **Johannis-** und **Stachelbeeren** können Sie alte Sträucher verjüngen bzw. auslichten. Bei Stachelbeeren ist das Einkürzen der Triebe hilfreich, wenn

im Vorjahr der Amerikanische Stachelbeermehltau, ein schädlicher Pilz, sein Unwesen getrieben hat.

Unlängst im Garten – Romantische Liebe

Einmal vertraute mir eine Kundin an, dass sie im vergangenen Jahr ihren **Cox-Orange-Baum** hatte fällen lassen. Auch ihre Ehe befände sich gerade in einer Phase der Neuorientierung, da die Kinder aus dem Haus seien. Ich erzählte ihr von der Bedeutung des Apfelbaumes als Familienbaum und Botschafterin der romantischen Liebe. Betreten wir die Bühne des Lebens, ist es die Kür, öfters die Perspektive zu wechseln und aus der Sicht des Gegenübers zu schauen. Ich erzählte ihr die Metapher von der gefiederten Schlange: Manchmal, wenn wir den Wald vor lauter Bäumen nicht mehr sehen, verhilft die Perspektive eines Adlers, der hoch über den »Bergen« wahrhaft majestätisch im Aufwind kreist, zu erkennen, wie klein unser »Problem« da unten doch ist. Sogleich fühlen wir uns wie von einer Wolke getragen – wohin sie uns trägt, entscheiden wir! Oder wir verwandeln uns in eine Schlange, die lautlos, geschmeidig und elegant über den Boden mäandert. Dies sind nur zwei Perspektiven, doch dazwischen gibt es Raum für unendlich viele! Was wir jetzt in der neuen Zeitqualität erlösen dürfen, ist das Bild der »bösen« Schlange im Garten Eden. **So ist es immer eine gute Wahl, einen Apfelbaum zu pflanzen.** Ein weiteres Beispiel: Gebucht war ein Tageseinsatz in einem liebevoll gestalteten Hausgarten. Gleich direkt am Eingang begrüßten mich zwei alte Apfelbäume, die kaum mehr Zuwachs hatten und um ihr »Dasein« kämpften. Ein kräftiger Rückschnitt war hier unerlässlich! Jedes Mal, wenn ich diese Kundin nun wiedertreffe, erzählt sie

mir freudestrahlend von ihrem zunehmend glücklicheren Beziehungsleben!

Das Rückgrat des Gartens – Hecken und Blütengehölze

Für Blütengehölze gilt: Sommerblüher werden an frostfreien Tagen zurückgeschnitten, Frühjahrsblüher erst nach der Blüte. Zu Letzteren zählt der **Winterjasmin**, der am einjährigen Holz blüht. Anders ist es beim **Blauregen.** Hier ist zweimal im Jahr, also sowohl ein Winter- als auch ein Sommerschnitt, erforderlich, damit er nicht zu gewaltig wird. Bei Hortensien bitte nur vertrocknete Triebe auslichten. **Buchsbäume** bei Spätfrösten ggf. mit Vlies abdecken.

Auch der **Kletter-Spindelstrauch** *(Euonymus fortunei)*, ein immergrüner Strauch, der mithilfe von Haftwurzeln an Hausmauern hochklettern oder flach über den Boden kriechen kann, ist jetzt zu schneiden. Der ökologische Wert des Spindelstrauchs ist sehr hoch, denn als Bodendecker zählt er zu den beliebten Winterquartieren von Igeln und Insekten. Blühende Sorten wie z.B. »Vegetus« werden gern von Bienen angeflogen. Die Früchte sind bei Vögeln äußerst beliebt. Als sehr pflegeleichte Pflanzen können Sie sie einfach mit einer Heckenschere in Form bringen. Ein gelegentlicher Rückschnitt Ende Februar fördert den dichten Wuchs aller kletternden und bodendeckenden Formen.

Die unschätzbar fleißigen Bodenorganismen

Ein fruchtbarer Boden ist immer ein lebender Boden. Regenwürmer und Insektenlarven durchwühlen die obersten Bodenschichten auf ihrer Suche nach organischem Pflanzenmaterial.

Dabei durchlüften sie die Erde, und auch das Wasser wird wie von einem Schwamm in Luftporen und Gängen aufgenommen. Asseln, Springschwänze, Milben, Tausendfüßer u.v.a. ernähren sich vom organischen Angebot, das sich im fruchtbaren Boden findet. Bei einem intakten Boden ist der Abbau von Streu, den abgestorbenen Resten der Vegetation, kein Problem. Mikroorganismen wandeln die Überreste der Tiere und Pflanzen in wertvollen Humus um. Bakterien zersetzen schließlich die organischen Reste in ihre chemischen Bestandteile, und räuberische Milben, Hundertfüßer, Käfer, Pilze und Bakterien regulieren Organismen, die ansonsten schädlich wären. **Alles spielt zusammen!**

Regenwürmer vermehren sich recht langsam. Mit nur einer Generation und bis zu acht Kokons pro Jahr sowie einer Lebenserwartung von fünf bis acht Jahren zählen sie dennoch zu den langlebigsten Bodentieren. Überhaupt spielen sie im Boden eine herausragende Rolle, produzieren sie in unseren mitteleuropäischen Böden pro ha und Jahr 40 bis 100 t wertvolle Wurmlosung. Diese enthält im Durchschnitt fünfmal mehr Stickstoff, siebenmal mehr Phosphor und elfmal mehr Kalium als die normale Erde. Die intensive Durchmischung der organischen Substanz mit Mineralien, Mikroorganismen und Ausscheidungen der Regenwürmer führt zu stabilen Krümelgefügen. Diese helfen dem Boden, Wasser und Nährstoffe besser zu halten, wodurch er weniger verschlämmt und leichter zu bearbeiten ist. Regenwürmer machen auf diese Weise schwere Böden lockerer und sandige Böden bindiger. Regenwürmer sind wertvolle Gartenbewohner und die stillen Baumeister der Bodenfruchtbarkeit. Durch eine intensive Bodenbearbeitung reduzieren Sie ihre Populationen jedoch erheblich. Eine Pflanzendecke hingegen fördert, v.a. über den Winter, ihre Population beträchtlich ebenso wie lange Fruchtfolgen mit kleereichen, mehrjährigen und tief wurzelnden Zwischenfrüchten oder Gründüngungen. Bodenruhe auf mehrjährigen Wiesen ist Balsam für Regenwürmer.

Erntezeit in Gottes Garten

Hyazinthen *(Hyacinthus):* Symbolisch verkünden sie Hoffnung, das Wiedererwachen in der Natur sowie das schnelle Vergehen irdischer Schönheit. Es mag an diesem intensiven Duft liegen, den sie erst nach dem Öffnen der Einzelblüten entwickeln, und der schon wieder vergangen ist, bevor sie verblühen. Ihre zarten Pastellfarben stehen für »Wohlwollen«. So geben sich verliebte Paare mit Hyazinthen gern ein Treueversprechen: **Ich bin dir auf ewig treu!** Blaue Hyazinthen gelten als Symbol für Maria und Jesus. Hyazinthen an sich sind ein Symbol der Propheten.

Kapland-Pelargonie *(Pelargonium sidoides):* Die Hl. Hildegard beschreibt den lilablühenden »Kranichschnabel« als wertvolle Heilpflanze bei Schnupfen, Husten, Heiserkeit und grippalen Infekten. Botanisch gesehen ist sie eine Geranienart, die nur in einem begrenzten Gebiet in Südafrika optimale Bedingungen vorfindet. Die Zulu in Lesotho, eine südafrikanische Volksgruppe der Bantu, heilen mit ihrem Wurzelsud seit Jahrhunderten Atemwegserkrankungen. Ende des 19. Jahrhunderts brachte der lungenkranke Charles Henry Stevens die Pflanze aus Südafrika mit und verbreitete das Wurzelpulver als Tuberkuloseheilmittel in Europa. Die Kapland-Pelargonie gilt seitdem als Geheimtipp in der Pflanzenheilkunde. Das erstaunliche an dieser Heilpflanze ist, dass sie sowohl Bakterien an ihrer Vermehrung hindert als auch Viren abwehrt und den zähen Schleim in den Atemwegen löst – und das nebenwirkungsfrei. Am besten wirkt sie prophylaktisch, indem sie das Immunsystem stärkt.

Narzissen *(Narcissus pseudonarcissus):* Zauberpflanzen, Liebespflanzen. **Sie sind Blumen des Versprechens und gelten als magische Blumen für Einweihungen.** Im Traum künden sie die Liebe an und gelten generell als Liebesbotschafterinnen. Ihr edler, betörender Duft, z.B. der der *Narcissus poeticus,* beflügelt die Fantasie und soll die Türen zu unseren warmen, erotischen Gefühlen öffnen. In der griechischen Mythologie gibt es den schönen Griechen Narziss, Sohn des Flussgottes Kephios, der die Liebe der Bergnymphe Echo verschmähte. Daraufhin verzehrte sie sich vor lauter Gram derart, dass sie zu einem Felsen erstarrte. Übrig blieb nur ihre Stimme, woher ihr Name »Echo« rührt. Doch die Geschichte geht noch weiter: Nemesis, die Göttin des gerechten Zorns, wollte die Herzlosigkeit des jungen Mannes bestrafen und ließ ihn in unstillbarer Liebe zu sich selbst entbrennen. Als Narziss sein Spiegelbild in einer Wasserquelle erblickte, war er so verzaubert von sich, dass er in einen Wahn geriet. Mitleidige Götter bereiteten seinen Qualen ein Ende, indem sie ihn in eine Narzisse verwandelten. Der Name bedeutet daher »Ich betäube«. So betäuben Narzissen mit ihrem lähmenden Gift ihre »Nebenbuhlerinnen« in der Vase, weswegen es ratsam ist, Narzissen knospig zu kaufen, diese dann im Wasser »ausschleimen« zu lassen, ehe sie – ohne Nachschnitt – mit anderen Blumen in einer Vase arrangiert werden. **Die Narzisse gilt als Sinnbild für den Frühling und den Brautstand.** Ein Jüngling überreichte früher seiner Auserwählten einen Strauß weißer Narzissen, wenn er es ernst mit ihr meinte. Der spanische Maler Salvador Dalí (1904–1989) malte nicht nur die *Metamorphose des Narziss,* sondern veröffentlichte auch ein Buch unter gleichnamigem Titel.

Schneeglöckchen *(Galanthus):* Das schöne Februar-Mädchen. Im phänologischen Kalender gehört die Blüte des Schneeglöckchens, der Marien-

kerze, zu den Zeigerpflanzen des Vorfrühlings. Sie zählt mit zu den ersten Blüten, die Schmetterlingen wie dem Tagpfauenauge Nahrung bieten. Das Schneeglöckchen verfügt über eine Art »Heizung«: Mit einer Biowärme von 8 bis 10°C, die in der Zwiebel produziert wird, ist es in der Lage, den Schnee rund um Blätter und Stängel zu schmelzen und so gleichzeitig für seine eigene Bewässerung zu sorgen. Schneeglöckchenteppiche erfordern allerdings etwas Aufwand. Größere Horste werden am besten zur Blütezeit geteilt und in Teilstücken wieder eingepflanzt. Rasenflächen eignen sich weniger, besser sind lichte Rabatten. Schneeglöckchen gedeihen prächtig unter **Haselnusssträuchern** oder zusammen mit **Zaubernüssen,** die beide zur gleichen Zeit blühen.

Beliebte Kombinationen ergeben sich mit winterblühenden **Alpenveilchen,** frühen **Anemonen,** neuen attraktiven Sorten des **Scharbockskrauts** und natürlich mit **Lenzrosen.** Nicht zu vergessen sind **Blausternchen,** wilde **Krokusse** und **Winterlinge.**

In der Bachblütentherapie steht die Blütenessenz des Schneeglöckchens für Leichtigkeit sowie für die Akzeptanz des Vergänglichen. Sie gibt uns Hoffnung, auch auf einen Neuanfang. Sie fördert in uns die Kraft, das zu tun, was uns Freude bereitet. Obwohl Schneeglöckchen und Narzissen giftig sind, vermag das Galanthamin in den Zwiebeln das Fortschreiten von Alzheimer zu bremsen. Es hemmt den Abbau von Acetylcholin und erhöht gleichzeitig die Empfindlichkeit der Nervenzellen für den Botenstoff. Die Leistung des Gehirns verbessert sich.

Tulpen *(Tulipa):* In der Blumensprache dienen sie **als Zeichen für Liebeserklärungen.** Schon in den Erzählungen von *Tausendundeine Nacht* finden sie Erwähnung. In der Türkei, ihrem Herkunftsland, stehen sie für das Leben. In unserer Kultur sind sie, wie die edlen Rosen im Sommer, im Frühjahr ein Symbol für Liebe und echte Zuneigung.

Der Februar-Garten als Spiegel der Seele

Wenn die ersten Schneeglöckchen ihre zarten Blüten emporstrecken, ist es wieder soweit: Aufs Neue erwacht die Lust auf die Natur, auf den eigenen Garten! Wir sind voller Vorfreude: In diesem Jahr wird es bestimmt gelingen, die eigene Vision vom Traumgarten zu erfüllen ... Es wird genug Regen geben, und die Sonne wird scheinen, alles wird wachsen und gedeihen. Einen Garten zu besitzen, betrachte ich nach wie vor als ein großes Privileg. Ein Stück Erde ganz nach den eigenen Vorstellungen und Wünschen formen und gestalten zu können – was für ein großartiges Geschenk. Danken wir Mutter Erde!

Blumengrüße zum Valentinstag – einfach zauberhaft: Ist es ihr betörender Duft oder einfach nur diese unschuldige Zartheit mitten im Winter, die unsere Herzen verzaubert? Sprechen wir in der Sprache der Blumen! Antworten finden wir in der Erntezeit in Gottes Garten. Doch finden Sie es am besten selbst heraus ... Zum Valentinstag passt auch die Zahl Zwei. Wir kennen sie bestens von den zwei Polen, dem Nord- und dem Südpol, und wissen um unsere Polarität. Auf diesem Planeten geht es v. a. um die Polarität – sie zu erfahren und sie zu akzeptieren.

Unsere Helfer im Garten

Stickstoff sammelnde Pflanzen

Pflanzen, die den Boden mit wertvollem Stickstoff anreichern, statt ihn auszuzehren, sind kein Gärtnermärchen, sondern es gibt sie tatsächlich: Diese einmalige Fähigkeit besitzen alle Hülsenfrüchtler wie **Erbsen, Wicken, Bohnen, Klee-Arten, Lupinen** und **Platterbsen.** Sie gehen mit den sogenannten Knöllchenbakterien eine Symbiose ein. Diese Bakterien wandeln Stickstoff aus der Luft in organisch gebundenen Stickstoff um. In dieser Form kann der Nährstoff von den Pflanzenwurzeln aufgenommen und verwertet werden. Aus diesem Grund wird bei der Ernte nur das oberirdische Kraut entfernt und die Wurzeln bleiben im Boden.

Einige Hülsenfrüchtler zählen auch zu den wertvollen Gründüngungspflanzen, die als Zwischenkultur auf die Beete ausgesät werden wie z. B. **Lupinen** und **Klee.** Noch wichtiger ist ihre Wirkung auf die Bodenstruktur durch Lockerung des Erdreiches und Anreicherung mit Humus, denn genau wie Regenwürmer durchgraben sie auf der Suche nach Nahrung und Wasser mit ihren Wurzeln den Boden. Einige Gründüngungspflanzen bilden Nährstoffe und vertreiben Schädlinge. **Studentenblumen** helfen, Fadenwürmer (Nematoden) aus dem Boden zu ziehen und wirken so der Bodenmüdigkeit entgegen.

Zeigerpflanzen

Zeigerpflanzen, auch Indikatorpflanzen genannt, reagieren sensibel auf Veränderungen. Durch diese »Intoleranz« können sie uns wichtige Informationen geben, z. B. über die Bodenbeschaffenheit oder über die darin vorkommenden Schadstoffe. Sie können uns auch Wasseradern oder Felsformationen anzeigen. Früher waren Kreuzungspunkte von Wasseradern erwünscht, weil die Menschen wussten, dass diese Punkte die Abstrahlungsenergie des Magnetfeldes der Erde bündeln. Sie nutzten sie für religiöse Handlungen wie z. B. das Senden von Bitten in den Himmel – und ganz früher vermutlich auch zum Empfangen von Informationen. Wasseradern oder Felsformationen können, wenn sie negativ belastet sind, zu Störfeldern für den Menschen werden. Da Wasser ein Informationsträger ist, gilt es, die dort gespeicherten negativen Informationen aus der Vergangenheit zu erlösen bzw. aufzulösen. Wasser hat ein Gedächtnis. Der japanische Parawissenschaftler und Alternativmedi-

ziner Masaru Emoto konnte es in vielen Untersuchungen bestätigen. Sie kennen sicher seine Experimente mit der Beschallung von Wasser mit positiven und negativen Informationen, in denen er zeigen konnte, dass alles ein Bewusstsein und ein Gedächtnis hat. Nach seiner Auffassung kann Wasser die Einflüsse von Gedanken und Gefühlen aufnehmen und speichern.[26]

Es gibt viele Zeigerpflanzen, die Kraftorte oder Störfelder anzeigen können. So wächst der **Haselstrauch** oft an Kraftorten und ist zugleich Glücksbringer. Was hat dieser Strauch für einen starken Lebenswillen, lässt er sich doch kaum von einem starken Rückschnitt beeindrucken! Gleiches ist zu berichten vom **Holunderbusch.** Er wächst gern unter Hochspannungsmasten oder auf den Kreuzungspunkten des Magnetfeldgitters der Erde. Er gilt als Zeigerpflanze für Erdstrahlung und deutet auf einen Kraftplatz hin.

Weiden und **Pappeln** suchen sich gern Standorte aus, die sie an unterirdische Wasserläufe anschließen. Weiden sind in der Lage, negative Strahlungen und damit Spannungen herabzusetzen. Obstbäume wachsen hingegen ungern auf Wasseradern. Sie mögen keine nassen Füße, da sie auf diese mit Dreh- oder Schiefwuchs reagieren würden. Im Alten Land, an der Elbe zwischen Hamburg und Stade, waren es die Holländer, die im 12. Jahrhundert das Land entwässerten und Marschland urbar machten, sichtbar an den vielen Entwässerungsgräben. Heute ist es mit über 10 000 ha das größte geschlossene Obstanbaugebiet Nordeuropas, und nicht nur Äpfel gedeihen hier prächtig. Das milde Klima gefällt auch anderen Obstsorten.

Unter den Pflanzen gibt es zudem sogenannte Strahlensucher bzw. Strahlenflüchter. Beste Kenntnisse dazu liefert die Radiästhesie, die davon ausgeht, dass Störzonen auf unseren Organismus wirken. Diese Strahlen können durch Strahlenfühligkeit bzw. Strah-

26 Weitere Pioniere auf diesem Gebiet sind Viktor Schauberger und Johann Grander, die Methoden entwickelten, Wasser wieder zu beleben.

lenempfindlichkeit wahrgenommen werden – Eigenschaften, die bestimmte Pflanzen besitzen. Strahlensucher sind **Farne, Ginster, Holunder, Misteln, Pilze, Wacholder, Weißdorn** u.v.a. Unter den Bäumen zählen **Eichen, Fichten, Kirschen, Lärchen, Pflaumen, Kastanien, Pappeln** und **Weiden** dazu. Zu den Strahlenflüchtern gehören **Geranien, Rosen** und **Sonnenblumen**. Bei Bäumen und Gehölzen gesellen sich **Apfel-, Birnen- und Walnussbäume** dazu, bei den Laubbäumen sind es **Ahorn, Birke, Buche, Flieder und Linde,** und bei den Heckenpflanzen **Liguster** und **Scheinzypressen**. Apfelbäume, Flieder und Weiden reagieren auf Erdstrahlen durch schiefes Wachstum, Birnbäume und Kastanien gelingt dies mehr oder minder durch Drehwuchs. Bei Apfelbäumen sehen die Leitäste manchmal wie zerfressen aus. Dies ist dann kein Obstbaumkrebs, sondern ein Hinweis auf eine aggressive Erdstrahlung. Überschneiden sich Erdgitternetze, zeigen Birken und Buchen Mehrfachstämme oder Gabel- und Zwieselwuchs, ein Entarten zur Buschform. **Kiefern** reagieren mit Krüppelwuchs. Sogenannte Hexenbesen, kugelige und buschige Verwachsungen in den Kronen, zeigen Minusknotenpunkte an. Krebswucherungen deuten auf mindestens fünf Minusknotenpunkte hin. Weitere sichtbare Schädigungen sind ein später Austrieb, Frostrisse oder ein früher Blattfall bis hin zum totalen Absterben. Blitzeinschläge in Buchen, Linden und Pappeln treten auf, wenn sich mehrere Wasseradern darunter kreuzen. Diese Bäume sterben danach meist ab. Anders ist es bei der Eiche. Sie übersteht mehrere Blitzeinschläge.

Wetterpropheten

Die ersten Wetterregeln gab es schon vor über 2000 Jahren als es noch keine Wetterberichte und Messgeräte gab. Natürlich hat die Natur hier bestens vorgesorgt. Es gibt Wetterpflanzen, die Regen ankündigen, Blitze bannen, Hagel, Hochwasser, Sturm und sogar Wetterfühligkeit lindern können. Heute kennen wir meist nur die drei Eisheiligen Mamerz, Pankratius und Servatius, die inmitten des Wonnemonats Mai noch ein letztes Mal für Eiseskälte sorgen. Oder den Siebenschläfer am 27. Juni: **»Regnet es am Siebenschläfertag, der Regen sieben Wochen nicht weichen mag.«** Übrigens entstand diese Bauernregel schon vor der gregorianischen Kalenderreform von 1582. Der korrekte Siebenschläfertag ist demnach der 7. Juli. So schauen wir auf die Wetterlage in der ersten Juliwoche, die uns hoffentlich einen schönen Sommer bescheren mag.

Akelei und **Frauenmantel** wirken als natürliches Hygrometer[27]. Sobald sich Regen ankündigt, »schwitzt« die Pflanze durch ihre feinen Poren am Blattrand. Dies sieht wie viele kleine Tautropfen aus, die auch Guttationstropfen genannt werden. Sie waren bei den Druiden äußerst begehrt und dienten traditionell rituellen Reinigungen.

27 Messinstrument zu Bestimmung der Luftfeuchtigkeit.

Tragen **Buchen** und **Eichen** auffällig viele Früchte, sagen sie einen kalten Winter voraus. Der Grund dafür ist einfach: Die Natur sorgt vor, damit die Tiere gut durch den Winter kommen. Auch für den Menschen war dies früher überlebenswichtig.

Die **Christrose** galt als Orakelblume der Weihnachtsnacht. Es wurden symbolisch zwölf Blütenknospen für die zwölf Monate des Folgejahres ins Wasser gestellt. An der Art und Weise, wie sich die Knospen öffneten, wurde das Wetter abgelesen. Geschlossene Knospen deuteten auf schlechtes Wetter hin, die offenen auf gutes.

Kiefernzapfen sind ideale Wetterpropheten: Um eine bestmögliche Fortpflanzung zu gewähren, müssen ihre Samen weit vom Wind getragen werden, was am besten bei gutem Wetter funktioniert – an verregneten oder nebeligen Tagen würden die Samen durch

die hohe Luftfeuchtigkeit zu schwer werden. Schließen die Zapfen also ihre Schuppen, kündigt sich Regen an. Einfach genial! Dies funktioniert auch mit einem Kiefernzapfen auf der Fensterbank. Ähnlich ist es beim **Löwenzahn.** Da ist es die kleine Sphäre, die den Samen über die Alpen trägt.

Der Volksmund sagt, dass **Königskerzen** in der Nähe eines Hauses vor Blitzeinschlägen schützen. Neigt die Blütenspitze nach Osten, ist schönes Wetter zu erwarten, neigt sie sich nach Westen, ändert sich das Wetter, und es kann Regen geben.

Krokusse und **Tulpen** sind zuverlässige natürliche Gartenthermostate, da sie äußerst wetterfühlig sind. Diese empfindsamen Frühlingsboten öffnen ihre Blütenkelche bereits bei einem minimalen Temperaturanstieg und schließen sie ebenso schnell wieder bei einem Temperaturabfall – mit ganz viel Gespür.

Sichere Regenanzeiger sind **Mittagsblumen** und **Gazanien.** Ist Regen im Anmarsch, schließen sie ihre Blüten – oder öffnen sie am Morgen gar nicht erst.

Die Sonne lacht den
lieben langen Tag,
wenn Vögel am Morgen
zwitschern,
wenn Gänseblümchen
ihre Blüten öffnen,
wenn Schwalben hinauf in luftige Höhen
segeln, wenn Frösche
in der Nacht quaken,
die Grillen zirpen und
Leuchtkäfer bis spät in
die Nacht Lichterfunken
versprühen.

Es zieht Regen auf,
wenn sich Vögel auf
Drähten versammeln,
wenn Fische auf dem
Wasser tanzen,
wenn Gänseblümchen
ihre Köpfchen neigen
und Schwalben tief
über dem Boden segeln.

Einer der größten Klimaregulatoren sind die Wälder der Erde, die heute beinahe zu 50 % und mehr abgeholzt sind. Ohne Bäume kann das Grundwasser nicht gehalten werden. Die Wasserkreisläufe der Erde werden unterbrochen und zerstört. Schon heute ist der Amazonas im Sommer nicht mehr mit Schiffen befahrbar. Im fruchtbaren Niltal lag das Wasser 3 m unter der Erdoberfläche, heute muss es aus 30 m Tiefe mit Pumpen gefördert werden.

Am Rande erwähnt: Wenn ich in einem Garten verabredet bin, bestelle ich mir gutes Wetter. Ich mag mir dies einbilden, doch in den meisten Fällen funktioniert es. **Für mich ist dies gleichermaßen eine Erlaubnis der Naturreiche, diese betreten zu dürfen.** Die Natur hat eine göttliche Ordnung, und ich frage vorher lieber, ob ich etwas tun darf. Ist die Arbeit getan, ist ein Dankeschön für die Zusammenarbeit natürlich ebenso selbstverständlich! Jeder Mensch kann segnen, denn er trägt in seinem Herzen die ewige Flamme, den göttlichen Funken, des Lebens und der bedingungslosen Liebe! **Alles ist Liebe. Ohne Liebe ist alles nichts.**

Die Blumen- und Organuhr

Wie intelligent die Natur eingerichtet ist und wie sie uns immer wieder dient, wenn wir uns ihr öffnen, zeigt die »Blumenuhr«. Sie wurde im Jahr 1745 vom schwedischen Naturforscher Carl von Linné (1707 – 1778), dem Vater der »neuzeitlichen Botanik«, erfunden. Sie sollte dazu dienen, auch bei trübem Wetter auf freiem Felde genau zu wissen, was die Glocke geschlagen hat – und das bloß anhand des Blütenstands der Blumen, denn Linné fand heraus, dass bestimmte Blumen nur zu bestimmten Tageszeiten ihre Blüten öffnen. Diese Blumenuhr wurde immer weiterentwickelt und hat an Aktualität keineswegs verloren.

Leben ist Rhythmus und Ordnung

Neben der Blumenuhr gibt es eine weitere Uhr, die wir Menschen für uns nutzen können. Es ist die »Organuhr«.

Diese geht nach der Traditionellen Chinesischen Medizin (TCM) davon aus, dass das Qi, die universelle Lebensenergie, innerhalb von 24 Stunden durch die 12 Hauptmeridiane unseres Körpers fließt, um alle Funktionskreise wie beispielsweise Leber/Galle, Lunge/Dickdarm, Herz/Dünndarm optimal zu versorgen. Dabei wird verbrauchtes Qi durch neues getauscht. Jedem Meridian, jeder »Leitbahn« wird eine Optimalzeit mit der höchsten Aktivität und eine Minimalzeit mit der geringsten Aktivität zugeordnet. Viele Beschwerden machen sich meist um eine bestimmte Uhrzeit bemerkbar, sodass sich Rückschlüsse auf Disharmonien in einem bestimmten Funktionskreis des Körpers bzw. Organs ziehen lassen. Ursachen können die Ernährung, Bewegungsmangel oder eingefahrene Verhaltensmuster sein, ausgelöst durch emotionale Abdrücke oder Blockaden auf und in den Energiebahnen, die

nicht transformiert wurden. **Der Körper bringt immer nur zum Ausdruck, was an Glaubens- und Lebensmustern gelebt wird.**

Tiere

Die heilenden Kräfte der Natur sind den Menschen seit ältester Zeit bekannt. Doch heutzutage hören viele von uns oft nicht mehr das innere Verlangen ihres Körpers nach gesunder Nahrung oder seine Hinweise, wenn er genug hat. **Je naturverbundener ein Mensch is(s)t, desto mehr wird er diesen inneren Dialog wahrnehmen und sich führen lassen können.**

Unsere schlauen Mitgeschöpfe, die Tiere, können uns zeigen, wie es anders geht, denn sie sind nach wie vor eng mit der Natur verbunden. Der Bär als meisterhafter Kräuterkenner sucht nach dem Winterschlaf vitaminreiche **Moosbeeren**, um seine Verdauungsorgane wieder in Schwung zu bringen. **Bärlauch** hat eine ähnliche Wirkung. Hunde und Katzen fressen **Quecken** und **Knäuelgras,** wenn sie sich unwohl fühlen, und Gras, wenn sie Knochen o. Ä. gefressen haben, um ihre Därme zu schützen. Mäuse legen sich einen Vorrat an **Pfefferminzwurzeln** als Gesundheitsschutz an. Wildschweine suchen sich den Wurzelstock des **Kalmus,** während ein kranker Hase für eine bessere Verdauung **Doldenblütler** auswählt, v.a. Pastinake und Petersilie. Gämse wälzen sich bei Verwundungen im **Alpenwegerich,** Birkhähne suchen **Birkenknospen,** Auerhähne verschiedene Teile der Nadelhölzer, Schafe haben eine Vorliebe für Bitteres, Kühe werden ohne Wiesenunkräuter krank oder unfruchtbar. **Allüberall findet sich in der Natur ein instinktives, heilendes Verhalten.**

Tiere können uns auch Störfelder anzeigen. Ihnen wird nachgesagt, dass sie einen sechsten Sinn haben. Strahlenflüchter in der Tierwelt sind **Hunde, Pferde,** Rindvieh, Schweine, Ziegen, Schafe, Rehe, Füchse, Hühner, Schwalben, Störche u.v.a. Tauben haben massive Probleme, den heimischen Schlag wiederzufinden, wenn der Taubenschlag oder das Ausflugloch auf einer Wasserader liegt. Kanarienvögel sterben früher, wenn ihr Käfig auf einem Störfeld steht und sie nicht ausweichen können. Bei Schlangen ist bekannt, dass sie rechtzeitig vor Erdbeben flüchten. Auch Ameisen und **Katzen** sind Indikatoren für Störfelder, da sie »Linksdreher« sind. Für uns Menschen ist diese Linksdrehung weniger gut, wir sind Rechtsdreher! Intuitiv richten wir uns in unseren Breiten tendenziell nach rechts aus, schauen eher nach rechts als nach links, lesen von links nach rechts, sind meist Rechtshänder und fahren auf der rechten Straßenseite. Der Lieblingsplatz einer Katze im Bett oder auf dem Lieblingssessel ist immer ein sicheres, wenn auch kein gutes Zeichen für eine starke Störung des Platzes. Bienen geben auf einer Wasserader mehr Honig, und Ameisen, besonders die großen Waldameisen, bauen genau an diesen Plätzen ihre großen Bauten. Mückenschwärme und Hornissen sind Strahlensucher.

Tiere reagieren insbesondere auf das Wetter. Ein Imker weiß: Wenn die fleißigen Bienen morgens aus dem Bienenstock fliegen und Honig einsammeln, kündigt sich eine anhaltende, warme Wetterfront an. Fliegen Schwalben niedrig, kündigt sich Regenwetter an. Tatsächlich sind hier aber die Insek-

ten die wahren Wetterpropheten, die aufgrund ihrer zarten Flügel niedrig fliegen müssen. Die Schwalben sind einfach auf Futtersuche und müssen deswegen ebenfalls tiefer fliegen. Bleiben wir bei den Insekten: Jeder kennt vermutlich die Schwärme an Eintagsfliegen, die bei schönem Wetter bis in die Abendstunden in luftigen Höhen tanzen. Mücken tanzen abends ca. 3 m hoch über dem Boden. Wer Spinnennetze aus der Nähe betrachtet, wird begeistert von diesen filigranen Kunstwerken sein. Doch nicht nur das! Findet man zahlreiche und dichte Spinnennetze, steht ein kalter Winter bevor. Kommen die Spinnen selbst in warmen Herbstmonaten zahlreich in die Häuser, ist dies ein sicheres Zeichen, dass ein kalter und langer Winter bevorsteht.

Tiere dienen uns Menschen, indem sie einfach nur für uns da sind. Es ist erstaunlich, dass man sogar in Städten so vielen Tieren begegnet – zahlreiche Hunde, selbst Katzen werden Gassi geführt. Ich frage mich dann manches Mal, wo sie denn leben. In Gärten sehe ich sie selten spielen und in Parks müssen sie an der Leine gehen. Was für eine Freude bei den Vierbeinern, wenn sie sich auf dem Fußweg oder im Grün begrüßen und beschnuppern dürfen. Ich liebe diese wundervollen, treuen Menschenbegleiter sehr. **Hunde und Katzen können Schmerz und Leid eines Menschen stellvertretend für diesen bis zu einem bestimmten Grad lösen. Und natürlich vertreiben sie auch die Einsamkeit ihrer menschlichen Freunde.** Wilde Tiere begegnen uns jetzt als Boten der neuen Zeit.

Erdung – mit unserer Erdmutter verbunden sein

Die Verbindung mit Mutter Erde und Vater Sonne ist für fast alle indigenen Völker ein heiliger Bund. **Was braucht der Mensch auch mehr als Luft, Wasser, die Sonne und die Erde, um sich zu nähren?** Wie wichtig der Kontakt zur Erde ist, zeigen uns die Pflanzen. Zuerst bilden sie Wurzeln – sie verwurzeln sich tief in der Erde –, und erst dann strecken sie ihre Blätter der Sonne entgegen. Auch für uns Menschen ist ein direkter Kontakt mit der Erde wichtig, den wir über unsere Haut herstellen. So, wie die Erde, sind auch wir elektromagnetisch geladen. Alle Nerven- und Gehirnfunktionen finden durch eine Übertragung von schwachen elektrischen Impulsen statt. Die Erdoberfläche ist elektrisch negativ geladen, die Atmosphäre hingegen positiv. Mit der bloßen Erde verbunden zu sein, stellt den naturgegebenen Grundzustand des Körpers wieder her. In unserem Alltag haben wir diesen Kontakt mit der Erde jedoch weitgehend unterbunden: Wir wohnen in isolierten, wärmegedämmten Häusern, laufen auf Asphalt, fahren in Autos auf Gummirädern, tragen Turnschuhe oder Schuhe mit Gummisohlen. Alles Dinge, die uns von der Erde trennen.

Menschen, die sich im wahrsten Sinne des Wortes »benebelt« fühlen, die Schwierigkeiten haben, sich auf eine Aufgabe zu konzentrieren, die beim Zuhören in Gesprächen abschweifen, ständig Gegenstände verlegen oder Koordinationsschwierigkeiten haben, sind nicht geerdet. Das Erden bewirkt, dass Säuren im Körper neutralisiert werden. **Barfuß zu laufen oder im See oder im Meer zu schwimmen, befreit den Körper von der elektromagnetischen Verschmutzung, der er im starken Maße ausgesetzt ist.** Und auch eine wertvolle, ausgewogene Ernährung ist in diesem Zusammenhang wichtig! Für das Erden ist Wurzelgemüse sowie alles, was unter der Erdoberfläche wächst, förderlich. Auch sei der Hinweis erlaubt, dass jede stark kalorienreduzierte Ernährung das Erden erschwert – ja, sogar die Tendenz verstärken kann, von der Erde »abzuheben«. Aus dem Mineralreich sind es Steine wie Granat, Hämatit, rote Koralle, Obsidian, Onyx, Schwarzer Opal, Pyrit, Rauchquarz, Rubin, Tigereisen und schwarzer Turmalin, die uns erden können. Aus dem Pflanzenreich sind es die Düfte und Aromen von **Kamille, Myrrhe, Rosen- und Sandelholz, Vetiver, Ylang-Ylang, Zeder** und **Zypresse. Lavendel** lässt das Bewusstsein im Physischen entspannen. Bei der Klangmassage gibt es zudem eigens entwickelte Kristall- und Klangschalen, die das Wurzelchakra ausbalancieren.

Spirituell ausgerichtete Menschen sind oft wie »out-of-the-body«, sie bemerken nicht, dass sie zu sehr vergeistigt sind und ihren Körper vernachlässigen. Ähnliches ist bei Menschen zu beobachten, die Schocks und Traumata erfahren haben. Oft sind sie nicht wirklich in ihrem Körper anwesend oder leben mehrere Persönlichkeiten. Bewusste Menschen sind heute immer mehr in der Lage, ihren physischen Körper wahrzunehmen und zu nähren. **Dies setzt ihre Bereitschaft voraus, Wissen, Weisheit und Eigenverantwortung anzunehmen, sodass sie zu bewussten Schöpfern ihres Lebens und ihres Alltags werden.**

Nicht mit der Erde verbunden zu sein, heißt, entwurzelt zu sein. Die Folgen sind Selbstzweifel, Ängste oder Depressionen. Wer aber mit beiden Beinen fest auf dem Boden steht bzw. mit Lady Gaia, der Mutter Erde, verwurzelt ist, fühlt einen inneren Zustand der Freude, Zufriedenheit, Gelassenheit, Zuversicht und des Urvertrauens. Schon der bayerische Priester und Hydrotherapeut Sebastian Kneipp (1821–1897) wusste, dass Barfußgehen urgesund ist!

Es ist ein wahres Geschenk, von gut geerdeten Menschen umgeben zu sein! Bitten Sie eine geerdete Person, dass sie Ihre Hände oder Füße hält, oder noch besser, dass sie ihre Handflächen eine gewisse Zeit auf Ihren Hinterkopf und dann auf Ihre Hüften legt. **Spüren Sie die Veränderung! Achtsamkeit und Bewusstheit sind die Schlüssel, die viele Türen öffnen!** Eine Form der Energieübertragung findet sich beim sogenannten Deeksha-Geben. Sie kommt aus dem indischen Kulturkreis und bedeutet aus dem Sanskrit übersetzt so viel wie »einen göttlichen Samen setzen«. Der Deeksha-Geber legt dabei seine Hände für einige Minuten auf den Kopf des Empfängers und überträgt dabei die Energie.

Vollständig in unserem physischen Körper verankert zu sein, dabei gleichzeitig aber in einem Zustand der Freude und des Glücks zu schweben, ist der Schlüssel, um Wünsche im Hier und Jetzt sichtbar zu manifestieren. Manchmal braucht es dafür die Zauberhände auf einer Wellnessliege, um wieder wohlig und entspannt in der Gegenwart anzukommen. Auf Dauer ist es aber ergiebiger, herauszufinden, wie ich selbst diese Glückszustände erreichen kann. Dies kann der

Sonnengruß am Morgen sein oder das Gassigehen mit dem Hund, während die Sonne gerade aufgeht. Es kann aber auch die Wassergymnastik im Schwimmbad sein, die eine wundervolle Tagesenergie beschert: Sie lässt unsere ausschweifenden Sinne in unsere Mitte zurückkehren und uns gut geerdet ans Tageswerk gehen. **Im Zen heißt es, dass durch die Fähigkeit, inmitten der Welt Achtsamkeit üben zu können, weit mehr Kraft entsteht, als durch einsames Sitzen und dem Vermeiden von Aktivität.** Die tägliche Arbeit als Meditationsraum und Übung anzusehen oder mit den eigenen Händen Sinnhaftes und Nützliches zu erschaffen, setzt bekanntermaßen viele Glückmomente frei. Betrachten wir unsere heiligen Hände als Verlängerung unseres Herzens. Begreifen wir, was mit Schöpfung gemeint ist.

Zu guter Letzt: Ein- und Ausblicke …

Im Garten vergessen wir die Zeit. Wir werden zeitlos, weil es dort keine Zeit gibt. Im Garten manifestiert sich unsere Seele. Wir kreieren, wir schöpfen mit unseren Händen. Die Natur bedankt sich sofort. Wir müssen nur hinschauen und sie wahrnehmen. Das ist im Grunde genommen schon alles. Ja, das ist die neue Wirklichkeit!

In diesem Buch war es mir ein Anliegen, erste Einblicke zu geben, wie nach meinem Verständnis alles miteinander in Verbindung steht. Dies ist natürlich nur eine Perspektive unter vielen anderen, denn damit das Leben weiter wachsen kann, ist alles auf Wandel und Veränderung ausgerichtet.

JA SAGEN ZUM LEBEN. JA SAGEN ZU ALLEM, WAS IST. DIES IST EIN GUTER ANFANG ...

Ich wünsche Ihnen, dass Sie die Gärten Ihrer Seele reich bestellen und aus der Fülle erschaffen, schöpfen und ernten können. Mögen die Wege Ihrer Lebensreise durch blühende Landschaften führen und magische Lichtspuren des Glücks und der Freude in jedem Fußabdruck zeichnen. Folgen Sie Ihren Visionen und Träumen. Lassen Sie sich nicht beirren, selbst wenn Sie sich mal in eine Einbahnstraße hi-

neinmanövriert haben. Auch dies ist eine wichtige Erfahrung. Nicht mehr, aber auch nicht weniger. Wenden Sie einfach den Wagen, und fahren Sie weiter durchs Leben. Alles andere wäre Verschwendung. Bedenken Sie: Der Verstand allein kann keine Glühbirne zum Leuchten bringen. Wenn Sie jedoch Ihren glasklaren Verstand mit der Weisheit Ihres Herzens verbinden, kann dies eine wahrhaft lichtvolle Initiation auf die Geheimnisse des Lebens eröffnen. Sie werden ein Geheimnis nach dem anderen entdecken und Zufriedenheit und Dankbarkeit erfahren! Geh heim, Liebes.

PFLANZEN UND TIERE KENNEN KEINE KRANKHEITEN. SIE KENNEN NUR DAS HIER UND JETZT!

Was morgen ist, wissen wir nicht, da sich das Morgen stets neu erschafft. Es gilt, heute zu leben: Eingehen in das Licht, Auferstehen zur Schöpferkraft, Ablegen der Illusion und Erwachen in Gott. Das göttliche Antlitz in uns ist unser Geschenk und Erbe. Sammeln wir diese Augenblicke der Glückseligkeit. Wir sind die Schöpfer ...

Um in Kontakt mit den höheren Welten zu stehen, braucht der Mensch das Gespräch mit seiner Seele. Erst wenn das Licht seiner Seele leuchtet, hört er das Flüstern seiner inneren Stimme und weiss von der Wahrheit, von der die Menschen schon immer berichtet haben.

Es ist eine neue Zeit im Entstehen, die immer lichtvoller wird. Der Übergang vom Fischezeitalter in das Wassermannzeitalter hat 2012 stattgefunden. Nicht nur die Lichtflutungen aus dem Weltraum haben enorm zugenommen, auch unsere Körper werden lichter und aufnahmefähiger, indem wir unser Bewusstsein in diesem Sinne weiterentwickeln. Es ist das neue Zeitalter des Glaubens. Wir lernen, unsere Gedanken und unseren Glauben zu manifestieren – kristallklar wie Diamanten.[28] Dabei geht es im Grunde immer um den eigenen Bewusstwerdungsprozess: Jeder ist sein eigener Schöpfer, der sein Leben erbaut. Jeder ist dabei

28 Der Film *Alphabet* veranschaulicht, dass 98 % der Kinder hochintelligent auf die Welt kommen.

in seiner eigenen Zeitlinie, auf seiner eigenen Umlaufbahn unterwegs. Doch Zeit und Raum heben sich in höheren Welten auf. Lernen wir von der Natur und ihren heiligen Schöpfungen.

Glauben erschafft Materie – das physische »Bild« im Aussen.

Das Leben ist ein Spiel! Energetisch sind unsere Zellen immer jung, denn das Altern ist nur ein Spiel. Und so ist es auch ein Spiel, nicht schön zu sein. Jeder Körper ist ein Meisterwerk der Perfektion! Stellen Sie sich vor, verliebt in Ihren eigenen Körper zu sein. Spüren Sie dieses magische Gefühl, wenn plötzlich alles möglich erscheint, wenn sich Ihr »Hot Spot«[29] im heiligen Raum des Herzens von 37,5°C oder 38°C Körpertemperatur in Nullkommanichts auf 100°C aufheizt. **Schöpfertum beginnt mit der Hinwendung zu mir. Erst dann und im vollen Bewusstsein anerkennend, dass mein Körper mit all seinen Ein- und Abdrücken eine Erschaffung von mir selbst ist, kann ich als Schöpfer entscheiden, was ich spiele und mit wem ich spiele.** So einfach ist es im neuen Zeitalter.

Wo meine Aufmerksamkeit hinfliesst, da bin ich.

Ja, ich stelle mir vor, dass wir hier auf der Erde einen Lebensauftrag und eine Verpflichtung haben, unser Schöpfersein zu entwickeln und zu entfalten. Bewusstsein ist der heilige Schlüssel dafür. Bewusstsein ist das Wissen, dass ich Schöpfer bin. Es ist die Erinnerung an meine Herkunft, die Erinnerung, dass ich ein göttliches Ge-

29 Unser »Hot Spot« ist die erste Körperzelle, die uns gegeben wird. Mit ihr haben wir die Erlaubnis bekommen, auf der Erde zu inkarnieren. Das Herz ist das erste Organ, das drei Wochen nach Einsetzen des Lebenskerns zu sehen ist.

schöpf bin. Stelle ich mir vor, dass das Leben in zyklischen Kreisen verläuft, brauche ich mich nicht zu wundern, dass ich an Orte zurückkehre, wo ich gefühlt unzählige Male bereits war ...

Der Tanz des Lebens beginnt mit dem ersten Schritt!

Energie ist ein Kreislauf. Energie kann nur arbeiten, wenn ich sie forme und ihr durch meine Schaffenskraft, durch mein Wirken eine Struktur, eine Richtung, einen Impuls gebe. Ändere ich meine Gewohnheiten, ändern sich sowohl meine Perspektive als auch das Feld der Resonanz. Bin ich mir z.B. voll bewusst, dass es im Grunde nur meine Trägheit ist, die einer Veränderung im Wege steht, kann ich diesen Zustand ändern. **Das Feld in meinem inneren Garten kann ich mit der Kraft meiner Gedanken jederzeit, mit jedem Morgen, mit jedem Tag neu bestellen.** Jede Transformation, jede Umwandlung einer alten Gewohnheit erscheint zunächst dramatisch, da Altes selten ohne Widerstand weichen möchte. Aber nur wer sich selbst überwunden hat und daraus in Frieden hervorgegangen ist, braucht nichts mehr zu fürchten. Er kennt den Moment, in dem Unedles edel wird, er erkennt den tiefen Sinn dieser Umbrüche – egal, wo und wie sie sich ereignen. **Der Frieden der Welt beginnt mit dem Frieden in mir.** Diese Erkenntnis ist ein wichtiger Schlüssel.

Wir sind grenzenlose, göttliche Wesen – in Liebe erschaffen.

Bewege ich mich in Gedanken weiter, über den Kreis hinaus, in Sphären und Spiralen, wachse ich über mich hinaus. Der Torus, auch »hyperbolischer Wirbel«, »Schlauchwirbel« oder Neudeutsch »Donut« (Teigmutter) genannt, ist das Grundprinzip aller Bewegungen. Schon der griechische Philosoph Heraklit (520–460 v. Chr.) soll seine Welterkenntnis in die Worte *Panta rhei* gefasst haben: **Alles fließt bzw. alles wirbelt!**

Es gibt wenig neues Wissen, dafür aber ganz viel verborgenes, das es zu entdecken gilt. Viele alte Konzepte haben ausgedient. Alles hatte seine Zeit. Die Zeit der Gurus ist vorbei. Alles liegt in uns und möchte durch unser Bewusstsein entwickelt werden. Jeder, der innere Klarheit erlangt hat, versteht die kosmischen und planetaren Ereignisse. Die dichten Nebel der Unkenntnis weichen diesem heiligen Wissen. Es werden neue Gesichtszüge in unser Antlitz gezeichnet. Solche, die nicht von dieser, sondern von der Anderswelt stammen, solche, die uns jenseits des Vorhangs und hinter dem Schleier der Illusion erwarten. Unser Sonnensystem befindet sich am Rande der Milchstraße. Je weiter wir auf den Spiralarmen in Richtung Mitte wirbeln, desto mehr werden wir uns an unsere Herkunft erinnern. An die Wahrheit über uns.

Ich möchte einen Dialog mit den Menschen führen, die bewusst auf dem Weg sind und sich geistig erkennen. Warum haben Menschen Schwierigkeiten, die göttlichen Zusammenhänge anzuerkennen? Warum ist der Drang nach diesem Wissen scheinbar verloren gegangen? Es braucht diese Begegnungen, diesen Austausch und diese Neugier, damit wir verstehen, wie Heil(ig)ung funktioniert. **Die physische Welt ist die vergängliche – die geistige, unsichtbare Welt ist unsere Wirklichkeit.**

Schatzsucher sein, die Schlüssel finden ...

Genau so verstehe ich meine Arbeit in den Gärten und in meinem Alltag. Je stärker ich mein Wissen mit der Natur verbinde, mit der Wahrnehmung der größeren Wirklichkeit jenseits des Verstandes, und je mehr ich mich von ihr leiten lasse, desto großartiger

wird das Ergebnis. Mein Wissen, das ich mir über die vielen Jahre des Studiums, über das Lernen und Ausprobieren, durch das Lesen unzähliger inspirierender Bücher, über meine stete Neugier für alles, was ist, angeeignet habe, macht es mir möglich, immer tiefer in die Naturwelten einzutauchen. Es gibt kaum etwas, was mich nicht interessieren könnte. Und ich bin dabei so vielen wundervollen Menschen begegnet, die mir ihr Vertrauen geschenkt haben! Immer war es ein Austausch. Immer war es Führung, wenn ich es zugelassen habe. Von Herzen Danke!

Die Kraft zum Arbeiten habe ich dabei immer aus der Natur geschöpft, Gärten gestaltet und verändert, und so im Laufe der Zeit die Natur- und Schöpfungsgesetze verinnerlicht. Seit meiner Kindheit interessieren und inspirieren mich die Dinge hinter dem Schleier und hinter allem Schein. Ich war immer anders als die anderen. Ich war lange die Einsame, die schon als kleine Göre Trost, Wärme, Kraft und die bedingungslose Liebe bei den Tieren und Pflanzen fand. Auch heute sind sie ein Teil von mir.

Ich möchte Stationen aus meinem Berufsleben skizzieren, die meine Arbeitsweise mit Menschen erklären: In der verantwortungsvollen Arbeit im Qualitätsmanagement, wo Organisationsabläufe, Verantwortlichkeiten und Zuständigkeiten eine große Rolle spielen, lag es mir immer am Herzen, die Ganzheitlichkeit von allem, was ist, zu betrachten. Mein Erfolg begründete sich darin, dass mir bewusst wurde, dass es nicht genügt, nur für ein gutes Zusammenspiel von logischen Abläufen und Anweisungen zu sorgen, um das gewünschte Ergebnis zu manifestieren. **Es ist so viel mehr als das, denn jeder Mensch möchte im Grunde das Beste geben …**

Stellen Sie sich vor, dass Sie als Rohdiamant auf die Erde kommen – lupenrein, vollkommen lichtdurchflutet! Heute fühle ich mich wie ein Diamant, der geschliffen wurde und – so wie jeder Mensch – viele einzigartige Facetten hat, dabei auch viele Kratzer abbekommen hat. Möchte ich diese Erfahrungen missen?

Dennoch bin ich unbeirrbar meinem Weg treu geblieben. Heute weiß ich um meine gottgegebene innere Kraft, und in stillen Momenten fühle ich, dass ich unendlich geliebt werde, weil ich BIN. Heute weiß ich um das großartige Geschenk, einfach zu SEIN: Bewusst der eigene Schöpfer, bewusst die eigene Schöpferin – ermächtigt mit der Schöpferkraft meines Herzens, selbstbestimmt und eigenverantwortlich handelnd, überall, grenzenlos Glücksmomente erschaffend – Sterntaler im irdischen Kleid zu SEIN.

GREIFE AUCH DU NACH
DEINEN STERNEN!
ES IST SCHON ALLES DA.
ES WAR NIE ANDERS!
ICH UMREICHE DICH! SEI ... AMEN

Monika Kirschke, im April 2015

MenschSein

Ich wünsche uns Raum und Zeit
auf diesem wunderschönen Planeten der Fülle ...

Ich wünsche uns Raum zum Ein- und Ausatmen,
damit wir die Tiefe unserer Existenz erspüren können.

Ich wünsche uns, dass wir die Elementarreiche mit
ihren Farben, Tönen und Formen und ihren Naturreichen
wiederentdecken, allzeit liebevollste Freunde und
Wegbegleiter auf unseren Erkenntniswegen nach Hause.

Ich wünsche uns Zeit
für einen Moment des Innehaltens,
Zeit für Spaziergänge unterm sternenbedeckten Himmel
– jenseits allen Treibens.

Ich wünsche uns Entdeckungsreisen von Herz zu Herz,
mit diesem magischen Sternenzauber in unseren
Augen, mit diesem lodernden Feuer aus der Mitte
unserer Herzenssonne, gemeinsam Welten erschaffend –
tanzend, wirbelnd – vor Freude und Glück ...

Wir werden zu dem, was wir glauben, denken, sehen,
ersehnen und lieben ...
Ich wünsche uns, dass all unsere Sinne gesegnet sind
und mit uns unser ganzes ErLeben.
Schöpfersein auf und im Raumschiff Erde!

Raumschiff Erde ...

Glossar

A

ABSENKER: Junge Triebe, z. B. von Johannisbeeren, die von den Mutterpflanzen abgehen. Bei der vegetativen Vermehrung wird ein Trieb auf den Boden abgesenkt und für die Bewurzelung mit Erde abgedeckt, sodass nur die Triebspitze zu sehen ist. Nach der Bewurzelung werden die bewurzelten Triebe von der Mutterpflanze abgeschnitten und verpflanzt.

ALKALISCHER BODEN: Böden, die einen pH-Wert über sieben aufweisen.

ALTERNANZ: Schwankung des Fruchtertrages im Zweijahresrhythmus bei Obstbäumen, insbesondere bei Äpfeln und Birnen. Diese Schwankungen können durch einen regulierenden Schnitt, durch eine gezielte Fruchtausdünnung und Baumpflege korrigiert werden. Bei Apfelbäumen wird zwischen Ausfall- und Ertragsjahren unterschieden.

B

BALLENWARE: Immergrüne Gehölze werden im Handel mit Wurzelballen angeboten, damit die Wurzeln nicht austrocknen. Bei der Pflanzung gilt es, das Ballentuch vorsichtig zu entfernen, damit die Wurzeln nicht beschädigt werden.

BODENDECKER: Niedrige Pflanzen, die – wie es der Name schon verrät – den Boden bedecken und offene Flächen schnell zuwachsen lassen. Sie sind in der Regel pflegeextensiv und gut anzusehen. Dazu zählen Stauden wie Waldsteinia ternata, viele Geranium-Arten, Pachysandra terminalis, Hedera helix u. v. m.

BRENNNESSELJAUCHE: Sud, der aus zerkleinerten Teilen der Brennnessel und Wasser angesetzt wird. Idealerweise sollten die Brennnesseln keine Samen tragen.

E

ECHTER MEHLTAU: Der Echte Mehltau ist eine Pilzerkrankung, die sich meist über einen mehlig weißen Belag, vorrangig an den Blattspitzen, zeigt. Bei starkem Befall sterben die Pflanzenteile ab. Es gibt mehrere Möglichkeiten, der Pflanze zu helfen: 1. Rückschnitt der befallenen Pflanzenteile. 2. Spritzbrühe aus Pflanzenauszügen wie Knoblauch, Zwiebel, Ackerschachtelhalm, Schafgarbe und Rainfarn: Die Pflanzenteile ca. 24 Stunden einweichen, dann ca. 30 Min. auf kleiner Flamme köcheln und nach dem Abkühlen absieben (auf 2,5 l Wasser kommen 375 g frisches Kraut). 3. Beim Amerikanischen Stachelbeermehltau, der auch bei Johannisbeeren auftritt, ist Milch ein altbewährtes Hausmittel: 1 Teil Frischmilch mit 9 Teilen Wasser mischen und die Pflanze damit zwei bis dreimal in der Woche besprühen. Das Lecithin in der Milch vernichtet den Pilz, und das Natriumphosphat stärkt das Immunsystem der Pflanze. 4. Vorbeugend: Einen Standort mit viel Luft und Sonne wählen, an dem sich die Pflanze wohlfühlt!

F

Flachwurzler: Pflanzen, die über oberflächiges, nicht tiefes Wurzelwerk verfügen und ihre Versorgung über breit gefächerte Wurzelsysteme sicherstellen. Wichtig für ihr Überleben ist ein flachgründiger Boden mit einem hohen Grundwasserstand und hohen Niederschlagswerten.

G

Geborgte Landschaften: Das Prinzip der geborgten Landschaften ist, dass natürliche Gegebenheiten außerhalb des Gartens in das Bild und in den Dialog des Gartens miteinbezogen werden. Bei den Gärten der Alhambra ist es z. B. die natürliche Bergkulisse der Sierra Nevada, doch es können auch von Menschenhand geschaffene Bauwerke wie Schlösser, Burgen und Parkanlagen sein. In Stadtgärten sind Hochhäuser meist unfreiwillige Statisten von geborgten Landschaften. Innerhalb des Gartens sind es die Pflanzstrukturen, die eigene Bilder und Rahmen entwickeln.

K

Kopflastigkeit bei Obstbäumen: Naturgemäß reagieren Obstbäume auf einen starken Rückschnitt oder bei unzureichendem Fruchtansatz mit vielen Wassertrieben. Wird der Baum anschließend beim Sommerschnitt oder später beim Winterschnitt nicht korrigiert, kann dies in den Folgejahren zu Problemen in der Statik und Nährstoffversorgung führen. Zur Kronenentlastung dient ein Erziehungs- und Aufbauschnitt, der den Baum in seinen Bemühungen, ein stabiles, artgerechtes Kronengerüst aufzubauen, unterstützt. Auch können Fehlentwicklungen auf diese Weise rechtzeitig vermieden werden, die einen Baum unnötig viel Energie kosten würden.

M

Mulchen: Das Bedecken des Bodens mit organischen Materialien (Mulch). Es hält den Boden feucht und trägt zur langfristigen Bodenfruchtbarkeit und Bodengare (Idealzustand eines fruchtbaren Bodens) bei.

Monilia-Spitzendürre: Die Spitzendürre ist die bedeutendste Pilzkrankheit bei Sauerkirschen. Die Infektion zeigt zwei Schadbilder: die Spitzendürre und die Fruchtfäule. Verursacher sind zwei nah verwandte Pilzarten, *Monilia fructigena* und *Monilia laxa*. Die Infektion kann alle Stein- und Kernobstarten betreffen, wobei die Blüteninfektion mit nachfolgender Spitzendürre beim Steinobst, z.B. Sauerkirsche, Aprikose, Pfirsich, Zwetsche, und Blütengehölzen, z.B. das Mandelbäumchen und die Forsythie, die wesentlich größere Rolle spielt. In der Baumschule monilia-resistente Sorten wählen.

P

PERMAKULTUR: Die Permakultur-Akademie beschreibt die Permakultur als eine Kultur, in der nachhaltige Lebensformen und Lebensräume unterstützt, entworfen und aufgebaut werden (siehe auch www.permakultur-akademie.de). Diese sollen für die Natur und die Menschen eine dauerhafte Lebensgrundlage sichern: ökologisch, ökonomisch und sozial. In den 1970er-Jahren entwickelten die Australier Bill Mollison und David Holmgren das Konzept der Permakultur. Ursprünglich bedeutete der Begriff *permaculture* (engl. aus *permanent* und *agriculture*) soviel wie permanente, nachhaltige Landwirtschaft. Daraus entwickelten sich Ansätze der Permakultur, die in vielfältigen Lebensbereichen angewendet werden können, z.B. für ökonomische Konzepte, Gemeinschaftsbildungen, Regional- und Freiraumplanungen, aber natürlich auch im eigenen Garten, bei der Selbstversorgung und im Hausbau.

R

RABATTE: Ein schmales, langes, bepflanztes Beet mit Stauden, Zierpflanzen, Gehölzen etc.

S

SENKGARTEN NACH KARL FOERSTER: Ein weltberühmter Garten, der vom Gärtner und Staudenzüchter Karl Foerster (1874–1970) in Bornim bei Potsdam angelegt wurde. Nach englischem Vorbild teilte er seinen Garten in »Gartenräume« ein. Sein Kernstück ist der streng symmetrisch angelegte rechteckige Senkgarten (25x40m) mit Wasserbecken. Als Vorbild dienten ihm die »sunken gardenes« englischer Landhausgärten. Karl Förster entwickelte den Begriff des Senkgartens weiter und sprach von einer »Wirkung der Pflanzen wie auf einer Bühne«. In seinem letzten Buch *Es wird durchgeblüht* von 1968 konnte er sein Motto und sein gelebtes Erbe, das er v.a. in seinem eigenen Garten verwirklicht hat, der Nachwelt hinterlassen.

SOMMERSCHNITT AN OBSTBÄUMEN: Zu den wichtigsten Pflegemaßnahmen bei Apfelbäumen zählt der Sommerschnitt, der von Ende Juni bis Mitte Juli, wenn das Triebwachstum abgeschlossen ist und der Baum neue Blütenknospen für das Folgejahr anlegt hat, durchgeführt wird. Dabei werden v.a. einjährige, senkrecht hochwachsende Triebe, die sogenannten Wasserschosse, gerissen. Es gilt zu unterscheiden: 1. Bei schwach wachsenden Sorten bleiben die dünnen Zweige in der Krone und die kräftigsten Triebe werden herausgeschnitten. Doch nicht zu viel! Immer darauf achten, dass die Früchte ausreichend ernährt werden können. Die Triebe können anstatt mit der Schere einfach durch Ausreißen entfernt werden, da sie noch nicht verholzt sind. Sie wachsen dann nicht nach, und die Risswunden verheilen besonders schnell. Besonders bei stark wachsenden Obstbäumen bremst ein Sommerschnitt das Wachstum und führt zur Bildung neuer Fruchttriebe. 2. Bei stark wachsenden und überreich tragenden Bäumen wird mit dem Sommerschnitt auch gleich der Fruchtbehang ausgedünnt. Als Faustregel gilt: an jedem Fruchtansatz (Fruchtquirl) ein bis zwei Äpfel ausreifen lassen, alle übrigen Früchte auskneifen. Ein weiterer Vorteil ist, dass er das Wachstum reguliert und Pilzbefall verhindert, da die Blätter durch eine bessere Belüftung der Krone nach Regenfällen schneller trocknen. Aufgrund des besseren Lichteinfalls reifen die Früchte im Kroneninnern gleichmäßiger aus und entwickeln ein intensiveres Aroma.

Schlanke Spindel: Im Jahr 1896 legte der deutsche Obstbaupionier Otto Schmitz-Hübsch (1868 – 1950) die ersten Apfel- und Birnenplantagen mit Niederstämmen an. Es war auch Schmitz-Hübsch, der Anfang der 1930er-Jahre den Spindelbusch (Schlanke Spindel) in Bornheim-Merten einführte. Seine Arbeiten wurden in den 1950er-Jahren in England von Gordon McLean unter dem Namen »Pillar« weiterentwickelt. Es waren die Holländer, die die Schlanke Spindel in den 1960er-Jahren erneut in Südhessen einführten. Weltweit durchgesetzt hat sich diese Anbauform in der zweiten Hälfte des 20. Jahrhunderts. Heute kann davon ausgegangen werden, dass neun von zehn Apfelbäumen in Europa Spindelbüsche sind.

Stauden: Mehrjährige ausdauernde krautige Pflanzen, deren oberirdische Pflanzenteile nicht verholzen, wie es bei Bäumen und Sträuchern der Fall ist, sondern krautig weich bleiben und in der Regel nach jeder Vegetationsperiode absterben. Im Vergleich zu ein- und zweijährigen krautigen Pflanzen blühen und fruchten Stauden jedes Jahr aufs Neue – sie ziehen im Winter meist ein, um im Frühjahr erneut auszutreiben. Sind sie zu groß geworden oder lassen sie in der Blüte nach, werden sie durch Teilung verjüngt und auch vermehrt.

Stockausschlag: Triebe bei Bäumen und Sträuchern, die nach dem Verlust der primären Sprossachse neu aus dem Stumpf bzw. Stock austreiben.

T **Tiefwurzler:** Pflanzen, deren Wurzeln tief in den Erdboden hinunterwachsen wie z.B. bei der Tamariske, deren Wurzeln bis 30 m in die Tiefe reichen. Die Vorteile, die sich für die Pflanzen daraus ergeben, sind, dass sie gut geerdet sind und das Grundwasser für ihre Versorgung angraben. Zu den Tiefwurzlern zählen Blumen wie die Rose, der Mohn, die Königskerze, Bäume wie der Ahorn, die Eibe, die Eiche, die Esche, die Fichte, der Flieder, die Kastanie, die Kiefer, die Walnuss, der Weiß- und Rotdorn, und Bodenverbesserer wie der Löwenzahn, die Lupine und der Ackerschachtelhalm.

W **Wasserschosse an Obstbäumen:** Sommertriebe, die sich aus den schlafenden Knospen im alten Holz entwickeln. Diese sogenannten Wassertriebe oder Wasserreiser sind an ihrem meist senkrecht nach oben gerichteten Wuchs leicht zu erkennen. Nicht benötigte Wasserschosse werden beim Sommerschnitt, wenn sie noch nicht verholzt sind, am besten händisch durch Ausbrechen gerissen.

Wurzelnackte Rosen: Rosen werden entweder in Pflanzcontainern oder ohne Erde mit kurzen Trieben und nackten Wurzeln zum Kauf angeboten. Natürlich sind die wurzelnackten Rosen im Vergleich zu Containerrosen deutlich preiswerter, weil der Aufwand ein geringerer ist. Ihre Pflanzzeit ist von Mitte Oktober bis in den April hinein bzw. in der Zeit, in der der Boden noch nicht oder nicht mehr durchgefroren ist. Eine gute Pflanzzeit für wurzelnackte Rosen ist der Herbst, da der Boden vom Sommer noch angewärmt ist und genügend Niederschlag zu erwarten ist, sodass die Rosen bis zum Frost noch Wurzeln bilden und im Frühjahr dafür zeitig austreiben können. Bei Rosen, die im Frühjahr gepflanzt werden, ist der Blühzeitpunkt der ersten Blüte nach hinten verschoben.

Bildnachweis

Wenn nicht anders angegeben: © Monika Kirschke / © Markus Schirner

Bilder von der Bilddatenbank www.shutterstock.com

COVER: #29401363 © Hannamariah (Hauptbild), #167758883 © Bildagentur Zoonar GmbH (links), #218230666 © tjasam (mitte), Monika Kirschke (rechts)

GESTALTUNGSELEMENTE: #81046012 (Hintergrund Rosen) © POLINA 21, #51373456 (Blatt) © Telnov Oleksii, #78903964 (Schmetterlinge/Blume) © Telnov Oleksii, #24158107 (Schmetterling) © Vector Mushrooms, #85848235 (Blätter) © Amalga, #163227308 (Schneeflocken) © melazerg

INNENTEIL: S.4 #241784353 © Shebeko, S.9 #21964276 © Amy Johansson, S.13 #218326015 © Dunaev Ilya, S.16 #234664156 © Ottochka, S.23 #55432528 © St. Nick, S.24 #93772714 © JeniFoto, S.26 #161562776 © Bildagentur Zoonar GmbH, S.27 #221607028 © Olga Danylenko, S.27 #128403968 © TSpider, S.28 #93764635 © Alexey Stiop, S.32 #58522708 © maigi, S.37 #64246204 © Triff, S.46 #143741020 © chungking, S.48 #200083973 © Wang LiQiang, S.50 #114848929 © Asaf Eliason, S.52 #186404315 © Peter Krejzl, S.56 #1354057 © MARKABOND, S.59 #110497439 © Gayvoronskaya_Yana, S.60 #106734356 © Gordon Bell, S.62 #178469171 © Labrador Photo Video, S.66 #103668983 © iava777, S.68 #14673499 © Smit, S.71 #135477632 © Guzel Studio, S.79 #143844019 © Denys Dolnikov, S.81 #176360480 © Carmen Rieb, S.85 #164460095 © angelakatharina, S.86 #200575025 © Gallinago_media, S.86 #131160440 © Irina Burakova, S.92 #189141299 © Zheltyshev, S.100 #124593781 © Igor Kolos, S.102 #163883435 © Serguei Levykin, S.104 #133466291 © joloei, S.110 #138816800 © danielo, S.112 #93644302 © Christian Jung, S.113 #18875290 © vaklav, S.116 #221724796 © NitakPhoto, S.122 #241951075 © weter 777, S.123 #151993895 © fotoknips, S.124 #221728417 © pingu2004, S.126 #114923053 © Forewer, S.130 #150412568 © Nitr, S.133 #104195150 © tomertu, S.136 #144616709 © Holger Graebner, S.138 #171292145 © Ivan Galashchuk, S.138 #117596569 © Subbotina Anna, S.139 #198886532 © Cloud7Days, S.140 #223009564 © WasanSpring, S.142 #40081576 © Ligak, S.147 #102381919 © Fir4ik, S.148 #158954660 © MShev, S.150 #88138393 © Zoom Team, S.153 #224924827 © Aksenya, S.156 #157909325 © Kuttelvaserova Stuchelova, S.159 #257463487 © aaltair, S.161 #231333664 © Creative Travel Projects, S.164 #90802631 © images72, S.165 #158276474 © fotorince, S.166 #223712089 © nature photos, S.167 #67232515 © Steve Byland, S.172 #233335393 © Ugis Riba, S.174 #233544988 © 233544988, S.175 #91889645 © Pagina, S.176 #167753741 © yanikap, S.177 #132159665 © Alexandra Giese, S.178 #51773122 © Malota, S.178 #128018468 © thieury, S.179 #27614965 © artjazz, S.180 #65296174 © Mark Herreid, S.183 #69023422 © CCat82, S.184 #217916611 © Bildagentur Zoonar GmbH, S.186 #154585901 © Erni, S.188 #97168814 © tazzymoto, S.189 #86638765 © Alena Brozova, S.189 #43218424 © Amy Johansson, S.190 #162195524 © 162195524, S.191 #71787634 © chungking, S.192 #221897776 © Sugarless, S.196 #246978745 © sarucha, S.199 #250728025 © allanw, S.200 #193508126 © blackeagleEMJ, S.203 #241668505 © E. O., S.204 #149930759 © sarra22, S.206 #250833631 © Elya Vatel, S.208 #108534797 © Martin Fowler, S.215 #129193814 © Martin Maun, S.216 #132188726 © Pitchayarat Chootai, S.218 #119727118 © badahos, S.220 #252922513 © Jose Ignacio Soto, S.220 #252922513 © Jose Ignacio Soto, S.223 #82434727 © ArtMari, S.225 #239604343 © Gordon J A Dixon, S.228 #252042172 © GeNik, S.238 #242017504 © 242017504, S.240 #93364786 © LimitedFont

Quellen

Almend, Peter: Elision. Begegnung mit einer Weisen. Aquamarin 2014.

Aivanhov, Omraam Mikhael: Sprache der Symbole. Sprache der Natur. Prosveta, Band 8, 2013.

Bouchardon, Patrice: Heilende Energie der Bäume. Krummwisch 1999.

Kemp, Gillian: Das Baum-Orakel: Mit 52 inspirierenden Karten und einem magischen Buch. Nymphenburger 2004.

Junginger, Anke: Kraft, Zauber und Magie der Bäume: www.engelundelfen.com/index.php/natur/kraft-der-baeume (Stand 19.03.2015)

Leigh, Marion: Die Findhorn-Blütenessenzen. Heyne 1999.

Megre, Wladimir: Anastasia I, Tochter der Taiga. Govinda 2003.

Megre, Wladimir: Anastasia II, Die klingenden Zedern Russlands. Govinda 2010.

Mütsch-Engel, Annemarie: Bäume lügen nicht. Schlender 1985.

Nickig, Marion und Rau, Heide: Mit Grünem Daumen. Ellert & Richter 2007.

Ruland, Jeanne: Die Gegenwart der Meister. Schirner 2012.

Storl, Wolf-Dieter: Das Herz und seine heilenden Pflanzen. AT 2009.

Storl, Wolf-Dieter: Pflanzendevas. Die geistig-seelischen Dimensionen der Pflanzen. AT 2007.

Strassmann, René Anton: Baumheilkunde, Mythos und Magie der Bäume. AT 2003.

Weiterführende Literatur

Bouchardon, Patrice: Heilende Energie der Bäume. Urania 1999.

Eckert, Achim: Das heilende Tao, die Lehre der fünf Elemente. Müller & Steinicke 2008.

Foerster, Eva und Rostin, Gerhard: Ein Garten der Erinnerung von und über Karl Foerster, dem großen Garten-Poeten und Staudenzüchter. L&H 2001.

Foerster, Karl: Es wird durchgeblüht. Union 1969.

Frank, Sabine und Lanfranconi, Claudia: Die Damen mit dem grünen Daumen. Berühmte Gärtnerinnen. Elisabeth Sandmann 2008.

Franke, Rainer und Schlieske, Ingrid: Klopfen Sie sich frei. rooro 2007.

Hales, Mick: Gärten der Welt. Knesebeck 2005.

Johnson, Ben: Der Healing Code, Alex Loyd. rororo 2012.

Keil, Gisela: 365 Gärten der Welt. Das Garten-Tagebuch. DVA 2003.

Page, Russel Ich schuf Gärten in aller Welt. Dumont 1992.

Pape, Gabriella: Meine Philosophie lebendiger Gärten. Irisiana 2010.

Prat, Jean-Yves und Retournard, Denis: ABC des Gehölzschnittes. Mosaik 2001.

Rau, Heide und Nickig, Marion: Mit Grünem Daumen. Ellert & Richter 2007

Redfield, James: Die Prophezeiungen von Celestine. Heyne 2001

Schrödter, Willi: Pflanzengeheimnisse. Reichl 1981.

Storl, Wolf-Dieter: Ich bin ein Teil des Waldes. Kosmos 2003

Strassel, Jürgen: Englische Gärten des 20. Jahrhunderts. Dumont 1991.

Strong, Roy: Architektonische Gärten und Gartenteile. Eugen Ulmer 1992.

Swift , Joe: Urbane Gärten. DVA 2010.

Thoma, Erwin: ... dich sah ich wachsen. Edition Grüne Erde 1999.

Über die Autorin

Monika Kirschke vereint in ihrem Leben die Themen »Natur und Garten« und »Spiritualität«. So absolvierte sie ein Studium des Gartenbaus, arbeitete als Gärtnerin im Zierpflanzenbau und Obstbau, reiste für ein Praxisjahr in die USA und war Betriebsleiterin einer Obstbaumschule in Schweden. Nach der Wende folgten intensive Jahre im Qualitätsmanagement der niedersächsischen Bauindustrie als Organisationsreferentin und Auditorin in mittelständischen Unternehmen. Zuletzt war sie als Coach im Bildungssektor tätig. Daneben besuchte sie immer wieder voller Begeisterung Vortragsreihen zur Traditionellen Chinesischen Medizin (TCM), zur Antlitzdiagnose nach Carl Huter, zu Ernährungslehren und Fitnessthemen, zur Steinheilkunde und zur Heiligen Geometrie, die ihr ganzheitliches Bestreben weiter verfeinerten und ihre Arbeit in Heilergruppen unterstützen.

Seit 2010 ist sie selbstständig mit ihren »Heilenden Gärten« unterwegs. 2011 schloss sie ihre Ausbildung zur Medialen Lebensberaterin und Heilerin bei Elisabeth Arndt in Bayreuth ab. Es folgten Studienreisen in das Tal der bosnischen Pyramiden bei Sarajevo, dem derzeit größten Pyramidenkomplex der Welt, wo sie an den Ausgrabungsarbeiten im Tunnellabyrinth teilnehmen durfte. All ihre gesammelten Erfahrungen bringt sie mit in ihre praktische Arbeit in den Gärten ein. Monika Kirschke möchte mit diesem Buch Menschen inspirieren, im offenen Buch der Natur zu lesen und der Weisheit des Herzens zu folgen.

www.heilende-gaerten.net

Segne meine Tage

Grosser, gütiger Gott,
segne den ersten Tag und segne den
letzten, segne jede Stunde,
die uns vergönnt ist.

Segnen sollen meine Hände alles,
was sie berühren.
Segnen sollen meine Augen alles,
was sie sehen.
Segnen sollen meine Ohren alles,
was sie hören.
Segen komme von meinen Lippen.
Gesegnet sein sollen, meine Familie,
meine Freunde,
meine Nachbarn und jeder Mensch,
der mir begegnet.
Grosser, gütiger Gott,
lass mich nie aus deinen Augen,
deinen Ohren,
deinen Händen und deinem Herz,
heute und an allen Tagen im Jahr.

Amen

Irisches Volksgut aus dem 11. Jahrhundert